Erwan Salahun

Fonctions Microondes integrant un composite magnétique

Erwan Salahun

Fonctions Microondes integrant un composite magnétique

La miniaturisation des dispositifs électroniques par l'intégration de fonctions reconfigurables en fréquence

Presses Académiques Francophones

Impressum / Mentions légales

Bibliografische Information der Deutschen Nationalbibliothek: Die Deutsche Nationalbibliothek verzeichnet diese Publikation in der Deutschen Nationalbibliografie; detaillierte bibliografische Daten sind im Internet über http://dnb.d-nb.de abrufbar.

Alle in diesem Buch genannten Marken und Produktnamen unterliegen warenzeichen-, marken- oder patentrechtlichem Schutz bzw. sind Warenzeichen oder eingetragene Warenzeichen der jeweiligen Inhaber. Die Wiedergabe von Marken, Produktnamen, Gebrauchsnamen, Handelsnamen, Warenbezeichnungen u.s.w. in diesem Werk berechtigt auch ohne besondere Kennzeichnung nicht zu der Annahme, dass solche Namen im Sinne der Warenzeichen- und Markenschutzgesetzgebung als frei zu betrachten wären und daher von jedermann benutzt werden dürften.

Information bibliographique publiée par la Deutsche Nationalbibliothek: La Deutsche Nationalbibliothek inscrit cette publication à la Deutsche Nationalbibliografie; des données bibliographiques détaillées sont disponibles sur internet à l'adresse http://dnb.d-nb.de.

Toutes marques et noms de produits mentionnés dans ce livre demeurent sous la protection des marques, des marques déposées et des brevets, et sont des marques ou des marques déposées de leurs détenteurs respectifs. L'utilisation des marques, noms de produits, noms communs, noms commerciaux, descriptions de produits, etc, même sans qu'ils soient mentionnés de façon particulière dans ce livre ne signifie en aucune façon que ces noms peuvent être utilisés sans restriction à l'égard de la législation pour la protection des marques et des marques déposées et pourraient donc être utilisés par quiconque.

Coverbild / Photo de couverture: www.ingimage.com

Verlag / Editeur:
Presses Académiques Francophones
ist ein Imprint der / est une marque déposée de
AV Akademikerverlag GmbH & Co. KG
Heinrich-Böcking-Str. 6-8, 66121 Saarbrücken, Deutschland / Allemagne
Email: info@presses-academiques.com

Herstellung: siehe letzte Seite /
Impression: voir la dernière page
ISBN: 978-3-8381-7886-8

Copyright / Droit d'auteur © 2013 AV Akademikerverlag GmbH & Co. KG
Alle Rechte vorbehalten. / Tous droits réservés. Saarbrücken 2013

Numéro d'ordre :   Année 2002

THESE

présentée à

l'Université de Bretagne Occidentale

pour l'obtention du

DOCTORAT EN ELECTRONIQUE

Par

Erwan SALAHUN

ETUDE ET REALISATION DE DISPOSITIFS MICRO-ONDES AGILES A COMMANDE MAGNETIQUE UTILISANT DES COMPOSITES FERROMAGNETIQUES

Soutenue le 04 Décembre 2002 devant la Commission d'Examen composée de :

Président
P.F. COMBES   Professeur - Université Paul Sabatier – Toulouse

Directeurs de thèse
M. LE FLOC'H   Professeur - Université de Bretagne Occidentale - LEST - Brest
P. GELIN   Maître de Conférences - E.N.S.T Bretagne - LEST – Brest

Rapporteurs
I. HUYNEN   Chercheur FNRS - Université Catholique de Louvain - Belgique
C. LEGRAND   Professeur - Université du Littoral - LEMCEL – Calais

Examinateurs
P. QUEFFELEC   Maître de Conférence- Université de Bretagne Occidentale -LEST- Brest
G. TANNE   Maître de Conférence- Université de Bretagne Occidentale -LEST- Brest

Personnes Invitées
A.L. ADENOT   Chercheur CEA Le Ripault – Tours
L. LAPIERRE   CNES Toulouse

Recherches effectuées au LEST - UMR CNRS 6165 UBO – ENSTBr
U.B.O. : 6 avenue Le Gorgeu - BP 809 - 29285 Brest cedex
ENSTBr : Z.I. de Kernevent – Plouzané - BP 832 - 29285 Brest cedex

REMERCIEMENTS

Ce travail a été effectué au sein de l'équipe Ingénierie des Matériaux et des Dispositifs Hyperfréquences (IMDH) du Laboratoire d'Electronique et des Systèmes de Télécommunications (LEST UMR CNRS 6165). Ce laboratoire est commun au département d'Electronique de l'Université de Bretagne Occidentale (UBO) et au département Micro-ondes de l'Ecole Nationale Supérieure des Télécommunications de Bretagne (ENSTBr)

J'exprime ma profonde reconnaissance à Messieurs Marcel Le Floc'h et Philippe Gelin pour avoir accepter de diriger ce travail de recherche et pour m'avoir fait profiter de leurs expériences.

Je suis très reconnaissant envers Monsieur Paul-François Combes, Professeur à l'Université Paul Sabatier de Toulouse pour avoir accepter de juger ce travail ainsi que de m'avoir fait l'honneur de présider le jury.

J'exprime ma profonde gratitude à Mademoiselle Isabelle Huynen, Chercheur qualifié du FNRS du Laboratoire d'Hyperfréquences de l'Université Catholique de Louvain-La-Neuve (Belgique), et à Monsieur Christian Legrand, Professeur au Laboratoire d'Etude des Matériaux et des Composants pour l'Electronique (LEMCEL) de Calais pour l'honneur qu'ils m'ont fait en acceptant d'être rapporteurs de cette étude.

J'adresse mes sincères remerciements à Madame Anne-Lise Adenot-Engeluin, Chercheur au département Matériaux du Commissariat à l'Energie Atomique (CEA) Le Ripault de Tours, ainsi qu'à Monsieur Luc Lapierre, Chef du département Hyperfréquence au Centre National d'Etudes Spatiales (CNES) de Toulouse pour leurs participations a ce jury de thèse.

Je ne saurais oublier de remercier Messieurs Patrick Quéffélec et Gérard Tanné, maîtres de conférences à l'Université de Bretagne Occidentale pour m'avoir soutenu et motivé au cours de ces trois dernières années. Sans leurs conseils avisés, leurs remarques judicieuses, leurs esprits critiques et leurs expériences, la réussite de ce travail aurait, sans doute, été tout autre.

Je voudrais enfin remercier tous les membres du Laboratoire d'Electronique et des Systèmes de Télécommunications pour l'aide apportée au cours des différents travaux. Un merci particulier aux doctorants pour leur soutien et pour la bonne humeur qui ont accompagné ce travail.

INTRODUCTION GENERALE

INTRODUCTION GENERALE

Depuis une dizaine d'années, de nombreuses études sont menées sur la conception de dispositifs hyperfréquences. Ce développement est nécessaire dans de nombreux domaines d'activité scientifiques ou non : télécommunication, télédétection, médecine, radioastronomie, économie, stratégies géopolitiques et militaires, écologie... L'intérêt grandissant des circuits micro-ondes est favorisé, dans les milieux économiques, par les grandes firmes internationales pour des applications grand-public. La téléphonie mobile, la télévision par satellite, le GPS ou le système GALILEO, les communications intra-muros ou inter-véhicules sont des exemples d'applications destinées à la grande consommation. La technologie à adopter pour la réalisation des circuits est généralement imposée par le cahier des charges fourni par les industriels : faibles pertes, fréquence de fonctionnement, faible coût ou encore dimensions réduites du dispositif. Une solution aux contraintes de coût et de taille est l'élaboration des fonctions micro-ondes en technologie plaquée (structures coplanaires ou microrubans) au lieu de la technologie en guide d'ondes (guide d'onde rectangulaire ou cylindrique). Par ailleurs, et puisque les normes en vigueur ne sont pas identiques dans tous les pays, les dispositifs doivent être reconfigurables.

La capacité d'ajuster la largeur de bande ainsi que la fréquence des filtres hyperfréquences et des antennes, ou de faire varier continûment et rapidement la phase des dispositifs doit entraîner une amélioration des systèmes hyperfréquences. Traditionnellement, cette agilité est assurée par l'utilisation de semi-conducteurs (diodes PIN, Schottky ou varactor). Ces composants actifs présentent généralement un faible rapport signal à bruit. De plus pour permettre une plus grande souplesse du contrôle des caractéristiques électriques des dispositifs, ces éléments actifs doivent être contrôlés indépendamment les uns des autres. Cependant, cette voie technologique d'intégration de composants engendre l'insertion d'un dispositif de commande associé à chaque élément actif du système. Une alternative à l'utilisation de ces éléments est l'emploi de matériaux « *agiles* ». Ces matériaux sont des milieux dont les propriétés électromagnétiques (permittivité et perméabilité) peuvent varier sous l'effet d'une contrainte extérieure.

Aux Etats-Unis, un vaste programme de recherche, **FAME** (*Frequency Agile Materials for Electronics, [1]*), lancé en 1998 par le département de la défense (*DoD*) et par la **DARPA** (*Defense Advanced Research Project Agency*) a contribué au développement et à l'amélioration des performances des circuits micro-ondes à base de matériaux agiles. Les recherches effectuées ont permis la conception de dispositifs ajustables principalement dans les domaines des filtres, des déphaseurs et des antennes pour les télécommunications terrestres et satellites ainsi que pour les radars. Les différentes étapes de ces études ont été la conception et la modélisation des matériaux, la caractérisation hyperfréquence, l'intégration de ces milieux adaptables dans des structures de propagation et la mise en œuvre de démonstrateurs hyperfréquences ajustables. Le principe de l'agilité des circuits repose sur la variation de la permittivité et/ou de la perméabilité du matériau pour changer la constante de phase et l'impédance caractéristique de la structure de propagation contenant le matériau. Les différents congrès parrainés par la **DARPA**, tels que les MRS Meetings [2], ont vu une prédominance des travaux concernant l'utilisation conjointe des matériaux ferroélectriques et des supraconducteurs pour la réalisation de capacités variables ou de filtres faible-pertes.

Depuis quelques années, le **L**aboratoire d'**E**lectronique et des **S**ystèmes de **T**élécommunications (LEST UMR CNRS 6165) cherche à associer ses compétences dans le domaine des matériaux magnétiques à celles de la modélisation et de la réalisation de circuits micro-ondes. Le travail présenté dans ce mémoire s'inscrit dans cette thématique de *matériaux pour les hyperfréquences*. Le matériau utilisé est un composite ferromagnétique lamellaire (matériau LIFT) élaboré par le CEA Le Ripault. A l'origine, ce composite a été élaboré pour des applications d'absorbants micro-ondes. Le travail réalisé a été de mettre en exergue les propriétés de ce type de matériaux pour la conception de dispositifs micro-ondes agiles sous l'effet d'un champ magnétique statique de faible intensité.

Le plan de ce mémoire reprend la démarche de l'étude des propriétés du composite à la réalisation de démonstrateurs agiles sous l'effet d'un champ magnétique statique.

Dans un premier chapitre, un état de l'art des fonctions ajustables est effectué. Les différentes possibilités technologiques pour rendre les dispositifs agiles sont décrits : éléments actifs tels que les diodes varactor ou PIN, les systèmes micro- électro- mécaniques (MEMS), les semi-conducteurs pour le contrôle optique et les matériaux agiles tels que les cristaux liquides, les ferroélectriques et les matériaux magnétiques. Les différents procédés d'aimantation des circuits font l'objet d'un paragraphe dans ce chapitre.

Le second chapitre est consacré aux milieux magnétiques. Après avoir rappelé les différentes catégories de matériaux magnétiques pour les dispositifs et les principales propriétés de ces matériaux pour une utilisation en hyperfréquence, le composite ferromagnétique lamellaire est décrit. Il s'agit d'un empilement de couches ferromagnétiques et de couches diélectriques. Les spécificités technologiques et magnétiques de l'empilement sont exposées. Les propriétés de dispersion de ce matériau seront détaillées afin d'optimiser ses caractéristiques aux fréquences micro-ondes.

Après avoir présenté le composite lamellaire dans le chapitre précédent, ses propriétés électromagnétiques (permittivité et perméabilité) sont mesurées. Pour cela, une méthode de caractérisation en ligne triplaque asymétrique a été mise au point. Cette technique basée sur une approche quasi-statique permet la mesure des constantes des composites ferromagnétiques lamellaires dans des conditions de polarisation similaires à celles d'une structure de propagation microruban.

Connaissant les paramètres de dispersion du matériau d'après l'approche théorique développée au chapitre II et l'approche expérimentale du chapitre III, celui-ci est intégré dans une structure de propagation microruban. La corrélation des propriétés du matériau avec les paramètres de répartition de la structure de propagation est étudiée. Une étude est menée sur l'influence des paramètres géométriques et électriques sur la propagation pour la recherche de la configuration optimale de la ligne microruban permettant d'obtenir le maximum d'agilité des dispositifs.

Finalement, une dernière partie est consacrée à l'étude des dispositifs agiles réalisés. Les propriétés de non-linéarité de la perméabilité au champ magnétique ont été exploitées pour la conception de déphaseurs et de résonateurs microrubans agiles. Ces démonstrateurs hyperfréquences permettent de mettre en évidence les potentialités du matériau composite lamellaire aux fréquences micro-ondes. La sensibilité des circuits au champ magnétique y est aussi discutée.

TABLE DES MATIERES

TABLE DES MATIERES

CHAPITRE I:
ETAT DE L'ART DES FONCTIONS AGILES EN FREQUENCE

Chapitre I: ETAT DE L'ART DES FONCTIONS AGILES EN FREQUENCE

De nombreux dispositifs ajustables ont été mis au point ces dernières années : déphaseurs, antennes, filtres... L'originalité de l'ensemble de ces circuits repose sur la technologie utilisée. Cette technologie est souvent le facteur limitatif des performances des fonctions hyperfréquences en terme d'agilité en fréquence ou de pertes.

Les éléments à réactance variable sont traditionnellement les plus utilisés : la diode varactor, le transistor à effet de champ et la diode PIN. Ces composants, modélisés dans les circuits soit par une capacité de jonction variable en fonction de la tension de polarisation appliquée à ses bornes ou soit par une résistance contrôlée aux fréquences radio et micro-ondes, représentent un moyen pour permettre une agilité des dispositifs avec une variation rapide des ses caractéristiques électriques.

Puisque ces dispositifs sont caractérisés par un faible rapport signal à bruit, par une certaine fragilité des composants en conditions d'utilisation (cycle de vie, comportement thermique...) ainsi que par de fortes pertes, d'autres approches technologiques sont envisagées dont les principales sont les systèmes micro- électro- mécaniques (MEMS) et les matériaux *agiles*.

Les technologies MEMS montrent, en hyperfréquence, de fortes potentialités en terme de réduction des pertes, de réglage et de reconfigurabilité des circuits. La maîtrise de ces caractéristiques est fondamentale pour les futurs systèmes de télécommunication. Un des intérêts majeurs de ces technologies est la possibilité de développer des circuits à haut degré d'intégration en y incluant, si nécessaire, les antennes, les dispositifs de filtrages et les technologies actives. L'insertion des MEMS dans les circuits peut se faire soit lors de la phase technologique du dispositif, ou soit lors d'une seconde phase technologique comme pour les éléments actifs. La distribution de ces composants sur le circuit peut être régulière ou locale à des endroits stratégiques comme les diodes varactor ou PIN pour permettre l'agilité des fonctions micro-ondes. Les principales fonctions achevées avec ces composants sont les capacités variables, les interrupteurs ou les commutateurs de voies. Les dimensions caractéristiques de ces composants sont de l'ordre de quelques nanomètres à quelques millimètres.

Une approche intéressante consiste à contrôler optiquement les dispositifs. Cette technologie est basée sur la physique des semi-conducteurs et sur la théorie de la propagation des ondes dans les milieux à pertes. La commandabilité est obtenue par une modification de la résistivité, ou de la conductivité, du substrat sur lequel le circuit est déposé. Les matériaux utilisés sont des semi-conducteurs de type Arséniure de Gallium (AsGa) ou Silicium (Si). L'absorption de l'énergie des photons provenant d'une source lumineuse (photodiode, laser) permet de modifier la concentration en porteurs de charges électriques et donc de modifier les caractéristiques électriques du circuit.

Les matériaux dits « *agiles* » sont des milieux matériels dont les caractéristiques électromagnétiques intrinsèques (permittivité et/ou perméabilité) peuvent varier sous l'effet d'une contrainte extérieure. Différentes catégories de matériaux peuvent être distinguées : les matériaux à commande électrique (cristaux liquides ou ferroélectriques) et les matériaux à commande magnétique (ferrites, composites ferromagnétiques). Ces matériaux sont intégrés dans les dispositifs hyperfréquences sous forme de substrats ou de dépôts. Le matériau ferroélectrique le plus utilisé est, à température ambiante, le titanate de strontium ($S_rT_iO_3$) sous forme de couche mince. Le matériau magnétique le plus couramment employé aux fréquences micro-ondes est le grenat d'Yttrium (YIG). Ce matériau est intéressant car électriquement isolant, il présente un coefficient de surtension à vide supérieur à 10000. Cependant, il présente les inconvénients majeurs suivants : étant donné son fort coefficient de qualité à vide, le temps de réponse est trop lent pour son intégration dans des dispositifs à commutation rapide. Le second inconvénient est sa faible aimantation à saturation. Les champs magnétiques statiques nécessaires à la variation des paramètres de répartition des dispositifs sont alors importants. Pour cela, de fortes intensités de courant électrique sont requises. Le système de commande de champ sont volumineux.

Dans ce chapitre, est exposée une étude bibliographique des dispositifs accordables. Après avoir présenté une sélection des différentes réalisations parues à ce jour sur les dispositifs à éléments actifs et à base de MEMS, un intérêt plus particulier sera porté aux dispositifs à base de matériaux agiles. Une partie sera finalement consacrée aux différentes commandes, existantes ou imaginables, permettant de réaliser l'agilité en fréquence avec des matériaux magnétiques.

I. LES ELEMENTS ACTIFS

1 LES DISPOSITIFS AGILES EN FREQUENCE

A. Les filtres

Les filtres à caractéristiques variables peuvent être classés en deux catégories distinctes [3] : la plus répandue étant celle des filtres à fréquence centrale variable, et l'autre étant celle des filtres à bande passante variable.

La réalisation des filtres à fréquence centrale variable est rendue possible par l'intégration d'un ou de plusieurs éléments à réactance variable sur les résonateurs [4]-[20]. La modification engendrée sur les caractéristiques électriques est la variation de la longueur électrique des résonateurs.

L'agilité des filtres à bande passante variable est réalisée en modifiant la valeur du couplage inter-résonateurs [21],[22]. Cette modification induite par l'intégration d'éléments à réactance variable entre les résonateurs dans le but de contrôler la fréquence centrale dégrade fortement la réponse du filtre. Les coefficients de qualité de ces filtres sont peu élevés.

a - Les filtres à gap

Une diode varactor, élément à capacité variable, est insérée au centre d'une ligne demi-onde pour modifier la longueur électrique du résonateur, et ainsi modifier la fréquence centrale du circuit (Figure I. 1).

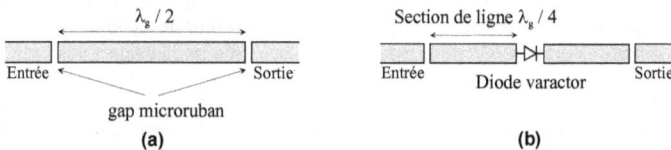

Figure I. 1 : Topologie d'un filtre à couplage par gap

La fréquence de résonance du filtre varie en fonction de la polarisation de la diode. Cependant, le facteur de qualité du filtre est fortement dégradé par l'introduction de l'élément actif. Pour un filtre à un pôle ayant la topologie représentée à la figure ci-dessus, les pertes par insertion dans la bande passante sont de 1.3 dB ([4]).

b - Les filtres à stubs

L'agilité des filtres à stubs est obtenue en plaçant à l'extrémité des résonateurs des éléments à capacité variables (Figure I. 2) [14]-[18]. L'ajout de la capacité permet de réduire la longueur des résonateurs quart-d'onde.

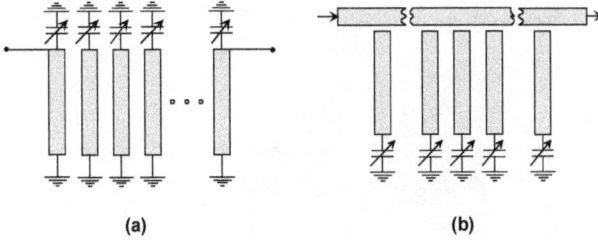

(a)   (b)

Figure I. 2 : Exemples de filtres à stubs accordables en fréquence (a) topologie passe-bande (b)topologie coupe-bande

Une agilité de ±30% de la fréquence centrale peut être obtenue à partir de 1 GHz ([14]). Les pertes d'insertion varient entre 8 dB avec 0 V de polarisation et 2 dB avec 30 V de polarisation.

c - Les filtres à couplages variables

Dans cet exemple est présenté un filtre à couplages variables réalisé en technologie microruban et composé de trois circuits résonants connectés entre-eux par des diodes varactors (Figure I. 3) [21].

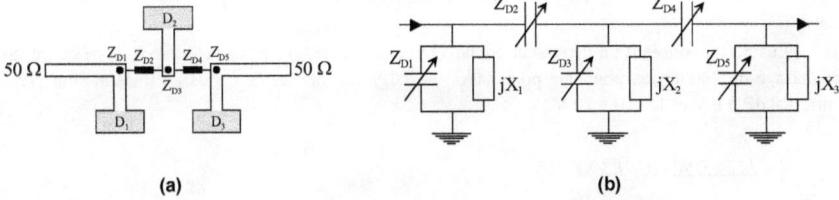

(a)   (b)

Figure I. 3 : Topologie d'un filtre à largeur de bande variable (a) masque (b) schéma équivalent

La fréquence centrale de chaque résonateur varie en fonction de la tension de polarisation appliquée aux bornes des diodes Z_{D1}, Z_{D3} et Z_{D5}. Les diodes Z_{D2} et Z_{D4} servent à contrôler et ajuster les valeurs de couplage inter-résonateurs.

La fréquence centrale peut varier de ± 8 % autour de 6 GHz pour une variation respectivement de la largeur de bande passante de ± 80 % autour de 670 MHz selon les tensions de polarisation appliquées aux bornes de chaque diode.

B. **Les déphaseurs**

Le développement des dispositifs d'émission - réception, de réseaux d'antennes, par exemple, requiert la mise au point de déphaseurs ajustables [23]-[27].

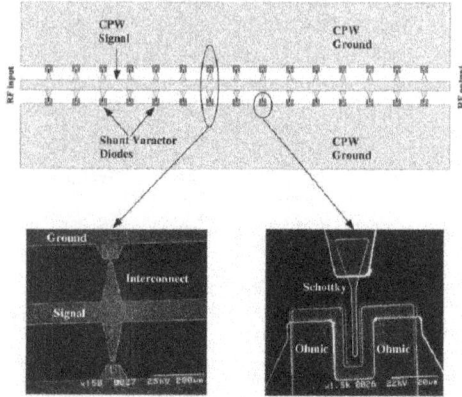

Figure I. 4 : Layout d'un déphaseur coplanaire à diodes varactors et images de microscopie électronique illustrant le détail de la connexion à des diodes et le layout des diodes varactor

Les performances d'un déphaseur coplanaire constitué de 25 sections (Figure I. 4) montrent un déphasage de 140 degrés pour une polarisation de 10 V. Le niveau de pertes en transmission varie entre 1.8 dB à 0 V et 1.1 dB à 10 V.

2 *LES PROBLEMES RENCONTRES*

Les dispositifs ajustables à base d'éléments actifs présentent un accord en fréquence ou en phase fonction de la tension de polarisation des composants. La plage d'*accord* du dispositif dépend essentiellement du nombre de composants actifs de type MMIC intégrés dans le circuit. Cependant, l'insertion d'un élément actif implique l'augmentation des pertes du dispositif du fait de la résistance série qui est associée au composant variable. Par conséquent, l'obtention de grandes plages de variation en fréquence ou en phase par l'intégration de plusieurs éléments actifs dans le circuit est limitée par l'augmentation des pertes de transmission. Une solution à la réduction de ces pertes est l'utilisation de résistances négatives [3],[28].

Par ailleurs, cette technologie MMIC rencontre d'autres inconvénients tels que la modélisation des dispositifs, la stabilité des composants en température, le court cycle de vie des composants ainsi que la tenue en puissance. Le problème majeur rencontré est celui du bruit engendré par le déplacement des électrons dans les composants. Cela se traduit par de faibles rapports signal à bruit des fonctions micro-ondes à base d'éléments actifs.

II. LES SYSTEMES MICRO- ELECTRO- MECANIQUES (MEMS)

Une alternative à l'usage des composants actifs dans les systèmes hyperfréquences est l'utilisation de systèmes micro- électro- mécaniques (MEMS). Les MEMS sont des systèmes miniatures composés d'une partie mécanique activée électriquement et dont les dimensions caractéristiques sont de l'ordre de quelques nanomètres à quelques millimètres. Ils sont connus sous diverses appellations telles que "Microdynamics" ou "Micromachining" aux Etats-Unis, "Micro Systems / Technology" (MST) en Europe ou encore "Micromachines" ou "Microrobots" au Japon.

1 LE PRINCIPE TECHNOLOGIQUE

L'ensemble des travaux a conduit à l'élaboration de deux types de structures de MEMS utilisables dans les dispositifs hyperfréquences : les poutres (Figure I. 5) et les cantilevers (Figure I. 6) [29].

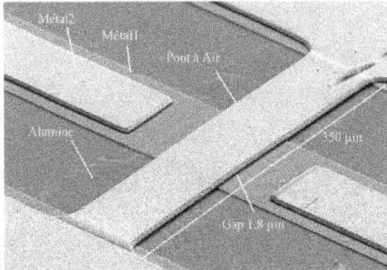

Figure I. 5 : Poutre en technologie MEMS   *Figure I. 6 : Cantilever en technologie MEMS*

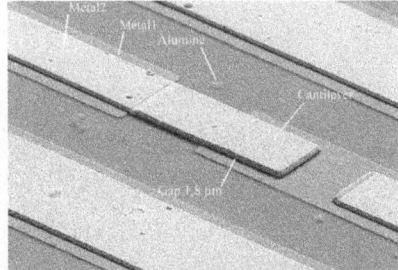

Le principe de fonctionnement est le même pour ces deux types de structures. Un système d'activation permet de changer la hauteur du MEMS de l'état haut au repos (état haut) à l'état bas (Figure I. 7). La capacité et l'inductance au niveau de l'élément sont alors dépendant de l'énergie d'activation de celui-ci.

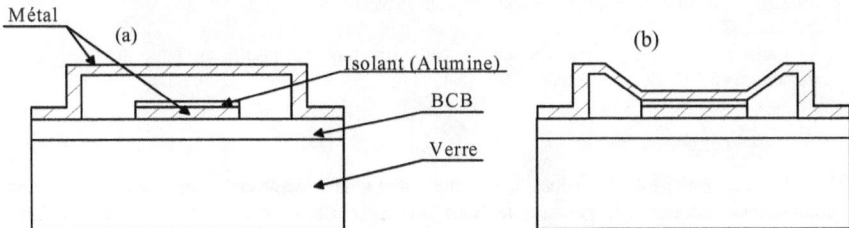

Figure I. 7 : MEMS de type poutre aux positions extrêmes (a) état haut (b) état bas

Les dispositifs sont dimensionnés à une fréquence donnée pour une position spécifique des éléments MEMS. Leurs activations permet de changer les caractéristiques électriques (capacitances et inductances) du circuit. La conséquence du changement d'impédance au niveau de l'élément est une variation de la fréquence ou de la phase de la fonction micro-onde.

2 LES DISPOSITIFS ACCORDABLES

Parmi les dispositifs hyperfréquences ajustables réalisés grâce à la technologie MEMS, les filtres [29]-[31], les commutateurs [32],[33] et les déphaseurs [34],[35] sont les plus répandus.

A. Les filtres accordables

Dans l'exemple ci-dessous [31], la technologie coplanaire est utilisée car sa topologie uniplanaire permet une intégration aisée des éléments MEMS. Des éléments MEMS de type poutre de 30 µm de large espacés de 306 µm sont disposés sur une ligne coplanaire (largeur du ruban 100 µm, largeur des fentes 100 µm) comme le montre la figure suivante (Figure I. 8). Toutefois, 8 ou 16 MEMS sont nécessaires pour la réalisation d'un filtre passe-bas à fréquence de coupure variable (soit une longueur totale de 2.7 mm et 5.2 mm respectivement). Les lignes d'accès sont des lignes 50 Ohms (largeur des rubans 150 µm, largeur des fentes 16 µm).

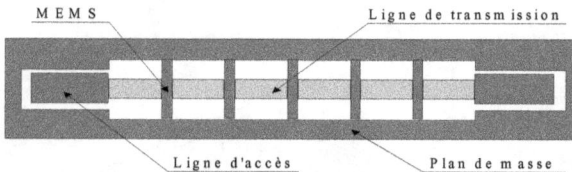

Figure I. 8 : Ligne de transmission coplanaire incluant les MEMS

L'activation électrostatique ne permet un déplacement continu de la membrane que pour une tension d'actionnement inférieure à V_p (tension d'actionnement maximale) qui est ici égale à 23 Volts ce qui correspond au tiers de la hauteur initiale. Pour une tension supérieure à V_p, le MEMS vient se « coller » à la ligne.

Pour la variation de la fréquence de coupure du filtre passe-bas, on utilise les MEMS en interrupteur ouvert (état haut de la poutre) ou fermé (état bas, tension d'actionnement supérieure à V_p). La tension appliquée est de 30 à 35 Volts. La fréquence de coupure passe ainsi de 60 GHz, lorsque les éléments MEMS sont en position de repos, à 40 GHz pour la structure à 8 MEMS et à 38 GHz pour la structure à 16 MEMS, lorsque ceux-ci sont en position basse.

Cependant, le niveau d'adaptation de cette structure est insuffisant pour des fréquences supérieures à 40 GHz dans les deux cas.

B. Les déphaseurs

Le dispositif est le même que celui utilisé précédemment. Cependant, l'activation électrostatique est appliquée pour des tensions inférieures à le tension d'actionnement maximale ; c'est-à-dire la membrane reste dans une zone de variation continue. Les résultats [35] montrent une variation de phase maximale de −118 degrés à 60 GHz avec 2.1 dB de pertes. Cette variation reste linéaire jusqu'à environ 40 GHz avec 67 degrés de déphasage différentiel et 1.6 dB de pertes à cette fréquence.

Les MEMS représentent une solution à l'utilisation des éléments actifs dans les dispositifs commandables. De nombreuses études à travers le monde se portent sur la technologie de ces composants et sur leur fatigue mécanique en fonction du nombre de cycles de battements. D'autres études essaient également de déterminer les différentes topologies de dispositifs les plus adaptées à l'utilisation des MEMS dans les systèmes.

III. LES DISPOSITIFS A CONTROLE OPTIQUE

1 PRINCIPE D'AGILITE

La modification du nombre de porteurs d'un substrat diélectrique à pertes est la base de l'agilité des dispositifs. Cette variation engendre la propagation dans le substrat de modes de différentes natures : modes d'effet de peau, modes lents ou modes diélectriques à pertes dûs aux relaxations diélectriques [36]. La distinction entre les différentes zones où ces modes sont propagés est fonction de la résistivité du substrat, de son épaisseur ainsi que des caractéristiques géométriques des rubans conducteurs.

La vitesse de propagation de l'onde peut être variée en modifiant la résistivité du substrat diélectrique. En effet, cette variation réalisée par le changement du nombre de porteurs de charges déplace le point de fonctionnement entre deux régions où les modes propagés sont de nature différente.

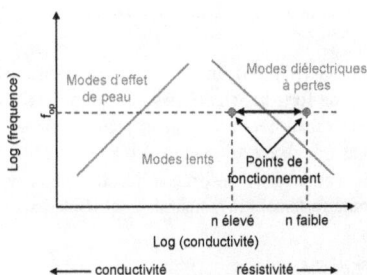

Figure I. 9 : Diagramme illustrant le comportement d'un dispositif contrôlé optiquement. La conductivité de la couche semi-conductrice dépend de la densité de porteurs générée par la source lumineuse arrivant sur le substrat. Pour une forte intensité d'illumination, le nombre de porteurs et donc la conductivité sont élevés. Le point de fonctionnement se déplace dans la zone des modes lents.

L'éclairement de la surface d'un semi-conducteur par une source lumineuse crée, dans le cas où l'énergie des photons incidents est égale ou supérieure à celle de la bande interdite du semi-conducteur, des paires électron-trou. Localement, la concentration en porteurs de charges est augmentée conduisant à un fonctionnement différent de la structure de propagation. L'application d'une différence de potentiel entre les rubans conducteurs de la structure de propagation permet de modifier les concentrations en porteurs en jouant sur la zone de déplétion du diagramme d'énergie du semi-conducteur.

2   *LES DISPOSITIFS CONTROLABLES DE MANIERE OPTIQUE*

Ce principe est alors appliqué à la mise en œuvre de différents démonstrateurs hyperfréquences commandables par une source lumineuse.

A.   *Les dispositifs de filtrage*

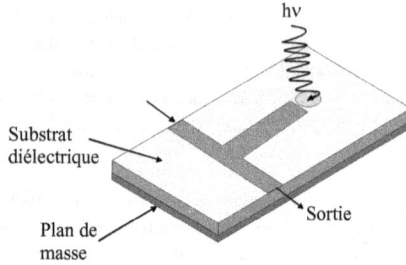

Figure I. 10 : Schéma d'un stub microruban contrôlé par une source optique

Dans l'exemple présenté ici [37],[38], un stub microruban est réalisé sur un monocristal de Silicium d'épaisseur 500 µm et de forte résistivité (ε_r=11.7, ρ=5000 Ω.cm). Un champ électrique de 6.10^4 V/m est appliqué entre le ruban conducteur et le plan de masse. A l'état noir (sans lumière appliquée), le stub présente une fréquence de coupure à 6.8 GHz. L'illumination du substrat par une intensité de 127 W/mm^2 fait varier cette résonance jusque 4.2 GHz, soit une agilité de 38%. Cependant, l'éclairement dégrade fortement le facteur de qualité du dispositif.

B.   *Les dispositifs de déphasage*

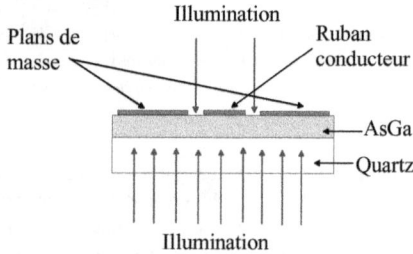

Figure I. 11 : Coupe transverse d'un déphaseur coplanaire à contrôle optique

Un déphaseur coplanaire est réalisé sur un substrat d'Arséniure de Gallium dopé n épitaxié sur un substrat de quartz [39]. L'épaisseur de la couche photo-sensible est de 2 µm. Une différence de potentiel de 20 V est appliquée entre le ruban conducteur et les plans de masse pour améliorer la sensibilité de la structure à l'onde lumineuse. L'illumination de cette structure par une diode laser générant un faisceau monochromatique de longueur d'onde 809 nm permet d'obtenir à 30 Ghz un déphasage de 350 degrés pour une intensité de l'onde lumineuse de 0.65 mW.cm^{-2}. Les pertes d'insertion du dispositif sont de 0.1 dB/degré.

IV.   LES MATERIAUX AGILES EN FREQUENCE

Le fait de pouvoir faire varier la permittivité ou la perméabilité par le biais de commandes extérieures laisse entrevoir la génération de nouveaux composants électroniques ayant de fortes potentialités en terme d'agilité. Actuellement, un vif intérêt est porté sur l'insertion des matériaux ferroélectriques dans les fonctions hyperfréquences en raison de leurs fortes variations de permittivité.

1   LES MATERIAUX A COMMANDE ELECTRIQUE

A.   Les cristaux liquides

Les cristaux liquides utilisés en hyperfréquence sont les cristaux présentant une phase nématique. Ils sont caractérisés par un ordre d'orientation et un désordre de position. Ces matériaux présentent l'avantage de pouvoir être contrôlés par une faible tension de commande (de l'ordre du Volt). Par ailleurs, ces matériaux sont utilisés en hyperfréquences à des fréquences où les pertes d'origine diélectrique sont négligeables pour la réalisation de dispositifs faibles pertes.

a - Principe d'agilité

Les cristaux liquides sont des matériaux anisotropes (propriétés différentes selon les directions dans l'espace). La relation constitutive du milieu diélectrique (Eq.I- 1) est donc de nature tensorielle.

$$\vec{D} = \begin{bmatrix} \varepsilon_\perp & 0 & 0 \\ 0 & \varepsilon_\perp & 0 \\ 0 & 0 & \varepsilon_{//} \end{bmatrix} \cdot \vec{E} \qquad \qquad Eq.I\text{-} 1$$

Les expressions du tenseur de permittivité sont des grandeurs complexes qui s'expriment de la manière suivante :

$$\varepsilon_\perp = \varepsilon'_\perp - j\varepsilon''_\perp \ et \ \varepsilon_{//} = \varepsilon'_{//} - j\varepsilon''_{//} \qquad \qquad Eq.I\text{-} 2$$

L'anisotropie diélectrique est alors donnée par la relation :

$$\Delta\varepsilon = \varepsilon'_{//} - \varepsilon'_\perp \qquad \qquad Eq.I\text{-} 3$$

En basse fréquence, l'anisotropie diélectrique peut être positive ou négative. L'orientation des molécules de cristal liquide est régie par cette grandeur. Lorsque $\Delta\varepsilon > 0$, Les molécules de cristal liquide alignent leur vecteur directeur parallèlement au champ électrique appliqué. Par contre quand $\Delta\varepsilon < 0$, celles-ci sont alignées perpendiculairement au champ électrique. L'évolution de la partie réelle de la permittivité du cristal liquide en fonction du champ électrique appliqué, est restreinte à l'intervalle :

$$\varepsilon'_\perp \langle \varepsilon' \langle \varepsilon'_{//} \qquad \qquad Eq.I\text{-} 4$$

En hyperfréquence, l'anisotropie diélectrique ($\Delta\varepsilon$) est faible. L'évolution de l'anisotropie diélectrique est la base de la réalisation des dispositifs agiles en fréquence ou en phase (Figure I. 12).

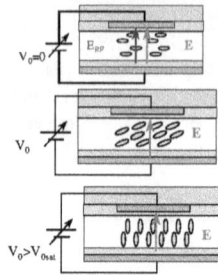

Figure I. 12 : Représentation du changement d'anisotropie en fonction de la tension de polarisation

b - Dispositifs agiles en fréquence

Dans la littérature, les dispositifs agiles en fréquence ou en phase à base de cristaux liquides sont peu nombreux [40]-[45].

(i). *Les antennes agiles en fréquence*

Le principe de l'antenne patch sur substrat cristal liquide est illustré à la figure suivante.

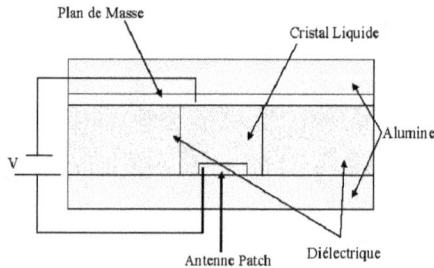

Figure I. 13 : Coupe transversale d'une antenne patch microruban sur substrat cristal liquide

Cette antenne est réalisée en technologie couche épaisse. L'axe des molécules du cristal liquide est orienté orthogonalement à la direction de propagation du signal micro-onde c'est-à-dire avec une orientation planaire [40].

Le circuit a été dimensionné à 15.1 GHz. L'application d'une tension de 8 V (0.4 V/cm) permet la variation de la fréquence de l'antenne jusque 14.8 GHz.

(ii). *Les déphaseurs ajustables*

Le dispositif de déphasage à base de cristal liquide présente une originalité au niveau de sa topologie circuit par une transition d'une ligne coplanaire à une configuration microruban (Figure I. 14et Figure I. 15). En effet, la configuration microruban autorise une dynamique de phase, c'est-à-dire une variation de la phase sur une bande de fréquence, plus importante que pour une structure coplanaire.

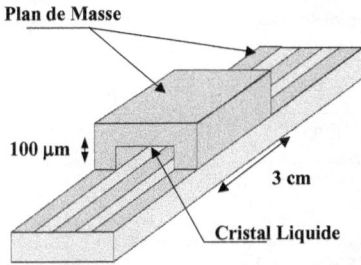

Plan de Masse

100 µm

3 cm

Cristal Liquide

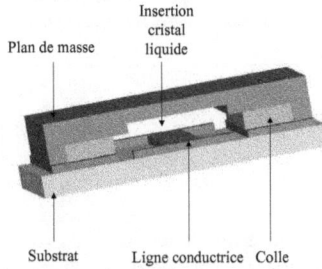

Insertion
cristal
liquide

Plan de masse

Substrat   Ligne conductrice   Colle

*Figure I. 14 : Topologie du dispositif de déphasage avec
la transition coplanaire – microruban [44]*

Figure I. 15 : Coupe transversale de la transition

Avec ce dispositif, un déphasage de 42 degrés est obtenu à une fréquence de 18 GHz pour une tension de commande de 10 V. Le niveau de pertes d'insertion est de 2.6 dB engendrant une figure de mérite de 16.12 deg/dB [40],[45].

Le temps de réaction à la commande électrique constitue un inconvénient majeur à l'utilisation des cristaux liquides aux fréquences micro-ondes. Des solutions sont envisagées avec l'utilisation de membranes imprégnées de cristaux liquides [46].

B. *Les ferroélectriques*

Les matériaux ferroélectriques sont des matériaux dont la permittivité varie fortement sous l'effet d'une polarisation électrique statique. Cette forte agilité de la permittivité (Eq.I- 5) laisse augurer d'importantes variations des paramètres de répartition des dispositifs.

$$\Delta\varepsilon(\%) = 100.\frac{\varepsilon(0\ V) - \varepsilon(X\ V)}{\varepsilon(0\ V)}$$ *Eq.I- 5*

a - Principe d'agilité

Les matériaux ferroélectriques utilisés en hyperfréquence sont, en général, dans une phase paraélectrique [47]. La raison pour laquelle ces matériaux ne sont pas utilisés en phase ferroélectrique est que ceux-ci sont fortement piézoélectriques. Les transformations piézoélectriques induisent de fortes pertes aux fréquences micro-ondes. Par ailleurs en régime dynamique, les mouvements de parois des domaines créent des pertes supplémentaires. La difficulté de la prise en compte, lors de la phase de modélisation des dispositifs hyperfréquences, de l'hystérésis électrique est une raison supplémentaire à la non-utilisation de la phase férroélectrique des matériaux. La température à laquelle le matériau passe de la phase ferroélectrique à la phase paraélectrique est appelée température de Curie et dépend de sa constitution chimique.

La configuration géométrique la plus répandue pour les dispositifs micro-onde est une conformation du matériau ferroélectrique en couche mince déposée sur un substrat diélectrique (LaAlO$_3$ ou MgO). Ils sont utilisés dans les dispositifs hyperfréquences commandables en raison de la non-linéarité de la permittivité en fonction d'un champ électrique statique appliqué. Le matériau le plus utilisé dans les circuits est le titanate de baryum strontium (Ba$_{1-x}$Sr$_x$TiO$_3$). Dans les cas limites (x=0 et x=1), les permittivités minimales et maximales des matériaux ainsi que leurs températures d'utilisation sont données dans le tableau suivant.

Matériau	ε_r maximale (sans champ appliqué)	ε_r minimale (avec champ appliqué)	Température d'utilisation	Référence
SrTiO₃	20000	2000	4.4 K	[48]
BaTiO₃	4000	1200	300 K	[49]

Tab. I. 1 : Caractéristiques des matériaux ferroélectriques les plus utilisés

La température d'utilisation du composé ferroélectrique (Ba,Sr)TiO₃ dépend du coefficient stœchiométrique x représentant la concentration en Strontium. L'utilisation du matériau SrTiO₃ en basse température est avantageuse car le matériau présente une faible agilité de la permittivité en température.

b - Dispositifs agiles en fréquence

Ces dernières années ont vu un fort développement des travaux ayant pour sujet les matériaux ferroélectriques. Les thématiques de recherche sont l'élaboration des matériaux avec une recherche sur la diminution des pertes, la caractérisation hyperfréquence et la conception de démonstrateurs hyperfréquences agiles avec l'application d'un champ électrique. L'intégration de ces fonctions dans les systèmes destinés aux communications satellites a été envisagée par une équipe de la NASA [51].

(i). *La microcapacité ajustable*

Technologiquement, la microcapacité est l'élément circuit le plus simple à réaliser. Une couche mince de matière ferroélectrique est insérée entre un pavé de ruban conducteur et un plan de masse (Figure I. 16). Les deux conducteurs en regard forment un condensateur plan.

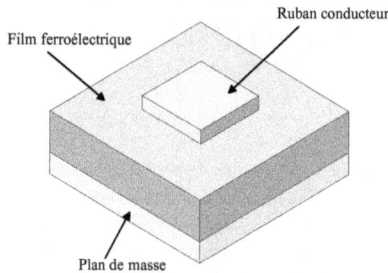

Figure I. 16 : topologie des microcapacités

L'application d'un champ électrique statique engendre une variation de la permittivité du matériau ferroélectrique et donc de la capacité. L'application d'une tension continue de 6 V sur une structure constituée d'un pavé carré conducteur de 50 µm de coté, d'un film ferroélectrique de BST de 300 nm d'épaisseur fait varier la capacité de 62 pF à 28 pF [50]. De nombreuses applications sont être imaginées en distribuant localement ces capacités d'une manière similaire aux éléments actifs de type diode.

(ii). *Les filtres agiles en fréquence*

L'exemple ci-dessous représente un anneau couplé à une ligne microruban (Figure I. 17). Ce motif est réalisé en matière supraconductrice (YbaCuO, épaisseur 350 nm) déposé sous forme épitaxiée sur une couche mince de ferroélectrique (STO, épaisseur de 300 nm à 2000 nm) qui, elle-même est déposée par ablation laser sur un substrat diélectrique (LAO, épaisseur 254 µm) et les ruban sont réalisés en matière supraconductrice [52],[53].

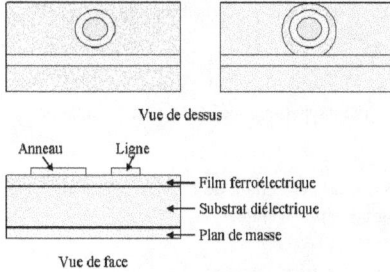

Figure I. 17 : Résonateur en anneau

L'objet de ce travail était l'étude de l'influence de la polarisation sur l'évolution des paramètres électriques du circuit : la plage de fréquence d'agilité, les pertes d'insertion et le facteur de qualité du résonateur [53]. En effet, la configuration du circuit offre plusieurs possibilités pour le polariser : soit les deux conducteurs sont polarisés par des tensions différentes, ou soit un des conducteurs est relié à la masse, l'autre étant polarisé. Pour des polarisations différentes des deux conducteurs, polarisation de la ligne variant de 0 V à 400 V et celle de l'anneau de 51.8 V à 491 V, la fréquence centrale du résonateur se décale de 16.6 GHz à 17.8 GHz. Le coefficient de qualité reste toujours supérieur à 15000. Cette polarisation du dispositif permet de garder une permittivité effective à peu près homogène dans l'ensemble du dispositif. La conséquence sur les caractéristiques de dispersion est une non-dégradation des réponses électriques. Dans le cas où un des conducteur est relié à la masse, la plage d'agilité en fréquence est plus importante mais la réponse est dégradée.

(iii). *Les déphaseurs*

De nombreux dispositifs de déphasage ont été élaborés soit à partir de simples lignes microruban [54] ou soit à partir de dispositifs plus complexes [55].

Le dispositif réalisé par F. De Flaviis et son équipe est une simple ligne microruban déposée sur un substrat ferrroéléctrique. La polarisation se fait entre le ruban et le plan de masse. Le déphasage est de 165 degrés pour une tension extérieure de 250 V à la fréquence de 2.6 GHz. Les pertes d'insertion à cette fréquence sont de 3 dB.

Les matériaux ferroélectriques sont de bons candidats aux fréquences micro-ondes pour réaliser des dispositifs agiles en fréquence ou en phase. Cependant, l'inconvénient majeur est la forte tangente de pertes qui les caractérise.

2 LES MATERIAUX A COMMANDE MAGNETIQUE

Dans ce paragraphe, les dispositifs agiles en fréquence à base de matériaux magnétiques ainsi que les propriétés utilisées vont être décrits. Généralement les dispositifs hyperfréquences à ferrites sont dimensionnés pour des fréquences de fonctionnement bien supérieures à la fréquence f_m (Eq.I- 6) ; fréquence où les pertes magnétiques sont négligeables pour la réalisation de dispositifs. En dessous de cette fréquence, les fortes pertes dûes aux relaxations de parois et à la résonance gyromagnétique des moments magnétiques sont un obstacle aux performances des circuits.

$$f_m = \gamma.4\pi M_S \qquad\qquad Eq.I\text{-} 6$$

où γ est le rapport gyromagnétique et $4\pi M_S$ est l'aimantation à saturation du matériau magnétique.

Les dispositifs de commande permettant de changer le champ interne du matériau magnétique feront l'objet d'un sous-paragraphe par la suite.

A. Les dipositifs commandables

a - Les filtres commandables

(i). Les filtres à couplage par gap

Dans ce dispositif [56]-[59], la propriété de non-linéarité de la perméabilité du ferrite est utilisée pour réaliser l'agilité en fréquence du dispositif. Le substrat de ferrite (YIG) est aimanté longitudinalement. Le ruban est réalisé en Niobium (supraconducteur) et la mesure est réalisée à une température de 4 K (Hélium liquide). Pour un résonateur, une agilité de 3.8 % à 11.1 GHz est obtenue par l'application de 300 G dans le sens de propagation de l'onde électromagnétique . Les pertes d'insertion sont alors de 2 dB.

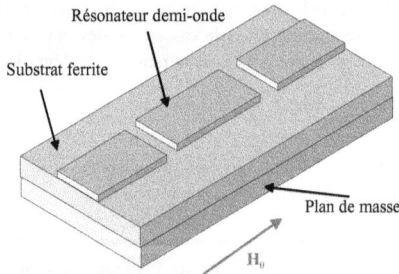

Résonateur demi-onde

Substrat ferrite

Plan de masse

H_0

Figure I. 18 : Topologie d'un résonateur à couplage par gap

Pour un dispositif réalisé avec 3 pôles, l'agilité en fréquence est de 8% à 11GHz. Les pertes d'insertion sont de l'ordre de 2.5 dB. Cependant, le coefficient de qualité du filtre décroît avec l'application du champ statique

Afin d'avoir un champ interne homogène dans le matériau, le circuit a été réalisé sur un tore de YIG [59]. Cela permet d'éviter les champs démagnétisants présents dans la direction de propagation. Dans cette configuration, l'accord du résonateur est de 10 % pour un champ appliqué de 60 Oe. La comparaison des agilités des résonateurs pour un matériau de forme parallélépipédique ou annulaire permet de mettre en évidence l'influence des champ démagnétisants.

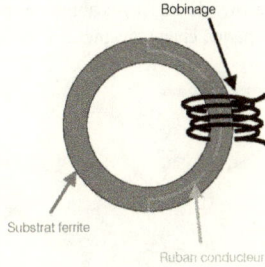

Figure I. 19 : Circuit réalisé sur un tore de YIG

(ii). *Les filtres coupe-bande*

La propriété magnétique utilisée pour réaliser ces filtres coupe-bande est la résonance gyromagnétique [60]-[63]. L'exemple présenté ci-dessous est l'introduction d'une couche mince ferromagnétique épitaxiée dans les dispositifs hyperfréquences afin de concevoir un filtre à encoche.

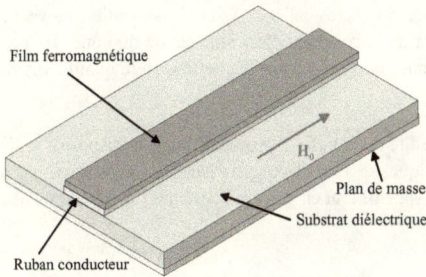

Figure I. 20 : Ligne microruban incluant un film ferromagnétique

Pour pallier au problème engendré par les pertes conductrices par effet de peau dans le film ferromagnétique, l'épaisseur de ce dernier est de 100 nm. Une forte interaction intervient alors entre le signal propagé dans le ruban et le matériau magnétique. L'observation des paramètres de répartition du dispositif mettent en évidence l'apparition d'une bande de réjection du signal. Cette perte d'énergie micro-onde est due à l'absorption gyromagnétique dans le film ferromagnétique. La variation d'un champ magnétique de 0.9 kOe d'intensité dans la direction de propagation permet de décaler la fréquence gyromagnétique de 12 GHz à 17 GHz.

b - Les déphaseurs ajustables

L'utilisation de la non-linéarité de la perméabilité a permis l'élaboration de nombreux dispositifs de déphasages ajustables par un champ magnétique [56],[64],[65].

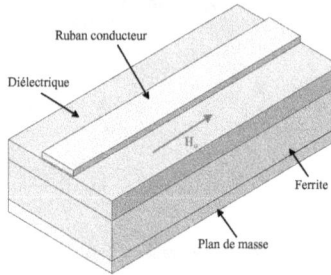

Figure I. 21 : topologie d'un déphaseur microruban

La structure transverse du déphaseur microruban est composée d'une couche de diélectrique située sous le ruban conducteur et d'une couche de ferrite localisée sous le diélectrique. L'aimantation du dispositif se fait dans la direction de propagation de l'onde. Pour une intensité de courant de 2.5 A, le déphasage obtenu est de 50 degrés/cm à 10 GHz. L'adaptation moyenne à cette fréquence de la ligne est de 15 dB. L'effet de la couche diélectrique est de diminuer les pertes d'insertion hors de la bande des pertes magnétiques et d'augmenter le coefficient de qualité à la résonance gyromagnétique du dispositif [65].

Lorsque la perméabilité de la ligne microruban varie, le dispositif se désadapte. La combinaison de matériaux ferrimagnétiques et ferroélectriques dans la même structure de propagation permet la variation de la phase du dispositif tout en gardant constante l'impédance caractéristique.

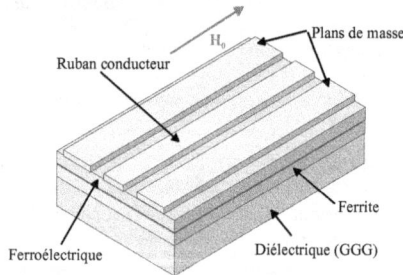

Figure I. 22 : Topologie d'un déphaseur coplanaire hybride ferroélectrique / ferrimagnétique

Les paramètres de dispersion du circuit coplanaire montre qu'il est possible de les maintenir constants en faisant varier simultanément la permittivité par le champ électrique et la perméabilité par le champ magnétique (S_{21}=-6 dB ; S_{11}=-11 dB). Un déphasage maximum de 40 degrés est obtenu pour une tension de commande de 21 kV/cm et un champ magnétique de 320 Oe appliqué dans la direction de propagation.

B. Les dispositifs de commande

Les dispositifs accordables magnétiquement présente le principal inconvénient de la commande magnétique. En effet, les céramiques utilisées présentent une aimantation à saturation peu élevée. Pour obtenir de larges plages de variation des paramètres, de forts champs sont requis. L'encombrement spatial des générateurs de champ magnétique est alors conséquent. De ce fait, la miniaturisation des systèmes est difficile.

Par ailleurs, la température d'utilisation des dispositifs ferrites est importante à prendre en compte dans la manière d'aimanter le matériau. Pour des applications basses températures utilisant des matériaux supraconducteurs, il faut prendre en compte les effets démagnétisants relatifs à la taille du ruban et à l'orientation du champ ainsi que l'intensité du champ magnétique qui peut induire des vortex générateurs de pertes.

Dans cette partie, une étude bibliographique des différents dispositifs d'aimantation de circuits est présentée. Par ailleurs, certaines solutions seront à envisager pour de futures études.

a - Les bobines d'Helmholtz

C'est le moyen le plus répandu pour aimanter les systèmes. En effet, le champ produit par les bobines d'Helmholtz est uniforme entre les deux bobines et sur une région située autour de l'axe des bobines (Figure I. 23).

Figure I. 23 : Bobines d'Helmholtz

Ce dispositif est volumineux car un circuit de refroidissement des bobines est nécessaire pour pouvoir utiliser en continu le système d'aimantation.

b - les bobines intégrées dans le substrat

Afin de miniaturiser les systèmes de commandes, D.E. Oates et son équipe du *Lincoln Laboratory* ont intégré des bobines dans un substrat ferrite [68]. Deux configurations pour ces bobines peuvent être trouvées : soit un bobinage inséré sur un bord du substrat magnétique (Figure I. 24), ou soit deux fils conducteurs disposés en boucle et inséré de part et d'autre du circuit (Figure I. 25).

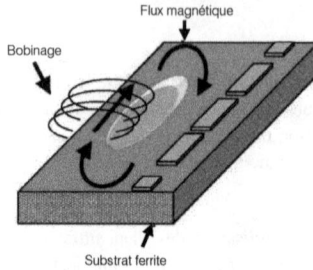

Figure I. 24: Bobine intégrée dans le substrat ferrite

Lorsque la bobine est intégrée sur un bord du substrat, l'aimantation se fait grâce au flux magnétique de la bobine. Le dispositif est aimanté dans la direction de propagation.

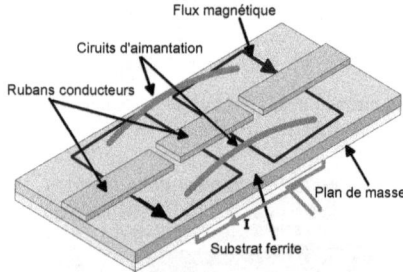

Figure I. 25: Champ magnétique créé par deux fils conducteur disposés de chaque côté du circuit.

Lorsque le substrat ferrite est percé de part et d'autre du circuit pour laisser passer des fils conducteurs pour former des spires (Figure I. 25), l'aimantation est orientée perpendiculairement à la direction de propagation de l'onde électromagnétique, c'est-à-dire dans la direction de l'axe des spires.

c - Aimantation par flux magnétique

Une alternative à l'usinage des substrats est l'utilisation de dispositifs aimantés pour réaliser des circuits ajustables en fréquence ou en phase [68]. Le concept de ces dispositifs est le confinement du champ magnétique soit dans un tore ferrite (Figure I. 26) ou soit dans une embase ferrite (Figure I. 27). Lorsque les circuits sont utilisés avec des matériaux supraconducteurs, les dispositifs d'aimantation par confinement de flux permettent d'éviter la dégradation des propriétés du matériau supraconducteur.

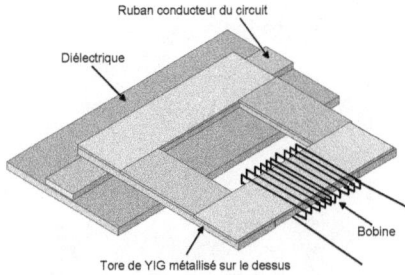

Figure I. 26 : Aimantation par le biais d'un tore déposé sur le circuit.

L'inconvénient majeur du dispositif d'aimantation avec le tore est du au fait que le circuit est constitué de deux parties indépendantes. Un système mécanique est alors nécessaire pour maintenir en position des deux éléments.

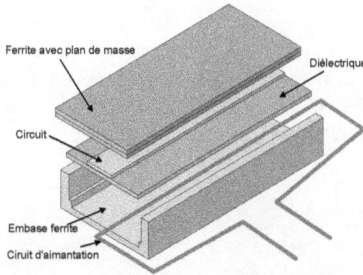

Figure I. 27 : Circuit inséré dans une embase ferrite aimantée

Ce dispositif est basé sur un arrangement de différentes couches où le circuit est imprimé. Lorsque les couches sont combinées mécaniquement, les différentes parties de ferrite forment un tore rectangulaire. Le circuit est aimanté transversalement.

d - La commande par contrainte

Une alternative à la commande par un champ statique extérieur des milieux magnétiques est une commande de nature mécanique. La propriété magnétique utilisée est celle de la magnéto-élasticité. Un dispositif de caractérisation hyperfréquence permettant de mesurer la perméabilité de matériaux multicouches ferromagnétiques est représenté à la figure suivante (Figure I. 28). La déformation du composite engendre une très forte variation de perméabilité [69],[70].

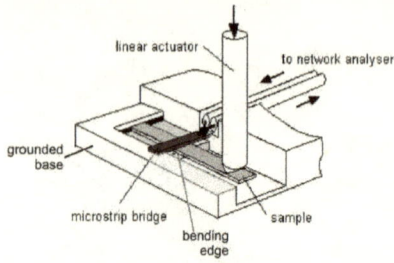

Figure I. 28 : Dispositif de contrainte servant à mettre en évidence la magnéto-élasticité

L'agilité des dispositifs peut être envisagée en utilisant des matériaux ayant une propriété de magnéto-élasticité fortement prononcée. L'intégration de matériaux piézoélectriques dans la structure de propagation permettrait d'exercer cette contrainte à l'aide d'une commande électrique.

e - La commande par température

Une dernière solution à envisager pour changer les caractéristiques de milieux magnétiques est la température. En effet, l'effet de la température est de changer les caractéristiques des matériaux magnétiques (perméabilité, anisotropie...).

V. CONCLUSION DU CHAPITRE I

Les éléments actifs tels que les diodes varactors, les diodes PIN, les transistors à effet de champ permettent de réaliser des dispositifs accordables en technologie planaire. Toutefois , la plage d'accord est limitée par le nombre d'éléments incorporés dans le dispositif. Par ailleurs, les pertes d'insertion du circuit sont relatives au nombre d'éléments actifs insérés.

Une alternative prometteuse à l'emploi des composants semi-conducteurs est l'utilisation de systèmes micro- électro- mécaniques (MEMS). De nombreuses études sont actuellement axées sur la technologie d'intégration de ces systèmes dans les circuits, sur les fonctions hyperfréquences ainsi que sur leur combinaison avec les matériaux magnétiques ou ferroélectriques.

Une dernière voie pour réaliser l'accord des dispositifs est l'emploi aux fréquences micro-ondes de matériaux dits *agiles*. L'agilité peut être réalisée grâce à l'anisotropie diélectrique des cristaux liquides. Ces matériaux sont électriquement isolants mais présentent un temps important de réaction au champ électrique statique. Ceci est un inconvénient pour les systèmes micro-ondes dont le temps de réponse doit être quasi-instantané. Les matériaux ferroélectriques permettent une variation rapide des paramètres de dispersion des dispositifs. De plus, étant donné la gamme de valeurs prises par la permittivité, l'accord se fait sur une large bande de fréquence. Cependant, ces milieux présentent de fortes pertes. Pour pallier à ce problème dans les dispositifs hyperfréquences, ils sont généralement conditionnés sous forme de couche mince et inséré dans le circuit dans une technologie microruban. La faible épaisseur caractéristique de ces couches impose de forts champs de polarisation. Une troisième classe de matériaux agiles utilisés pour concevoir des dispositifs commandables est celle des matériaux magnétiques. Les céramiques ferrimagnétiques sont utilisées pour la non-linéarité de la perméabilité sous champ magnétique statique. La limitation majeure de ces dispositifs est la faible aimantation à saturation caractéristique des matériaux utilisés en hyperfréquences. Cela implique que d'importantes tensions de commande sont nécessaires pour permettre l'agilité des circuits. Afin d'augmenter la sensibilité des fonctions micro-ondes au champ magnétique extérieur, des matériaux composites à base de couches minces ferromagnétiques sont utilisés. Dans ce cas, les tensions de commande sont beaucoup moins importantes.

Une solution à l'utilisation de matériaux magnétiques dans les systèmes hyperfréquences afin de réaliser des fonctions ajustables par un champ polarisant de faible intensité est la recherche d'un matériau électriquement isolant de forte perméabilité et de forte aimantation à saturation. Pour cela, les composites ferromagnétiques semblent être de bons candidats. L'optimisation des propriétés intrinsèques de ces matériaux pour des applications spécifiques déterminent les voies technologiques possibles : matériaux massifs, couches minces ou épaisses....

CHAPITRE II:
LE COMPOSITE FERROMAGNETIQUE LAMELLAIRE

Chapitre II: LE COMPOSITE FERROMAGNETIQUE LAMELLAIRE

Actuellement, l'utilisation de matériaux magnétiques dans le domaine de l'électronique est de plus en plus développée que ce soit pour la conception de mémoires, de têtes d'enregistrements, de transistors ou de composants hyperfréquences. Lorsque ces milieux sont utilisés dans les circuits hyperfréquences, les dispositifs sont soit non-réciproques, ou soit agiles en fréquence. Les propriétés magnétiques exploitées pour concevoir ces circuits sont respectivement l'anisotropie induite du matériau aimanté et la non-linéarité de la perméabilité vis-à-vis d'un champ magnétique statique appliqué. Les matériaux ferrimagnétiques (spinelles, grenats) sont traditionnellement employés pour la conception des circuits. Ces matériaux sont choisis de préférence aux matériaux ferromagnétiques en raison de leur faible conductivité. Les milieux ferromagnétiques ne sont pas utilisés aux fréquences micro-ondes à l'état massif du fait des fortes pertes par conduction qu'ils génèrent. Cependant, ces matériaux sont caractérisés par une aimantation à saturation plus élevée que les ferrites. Cette grandeur est un facteur limitatif pour l'utilisation des ferrites en hyperfréquences car elle implique de fortes tensions de commandes pour faire varier les caractéristiques des dispositifs accordables. Actuellement, de nombreux travaux sont réalisés sur la conception de dispositifs à base de matière ferromagnétique. Cette matière ferromagnétique est arrangée sous différentes formes donnant naissance à de nouveaux matériaux. Ces technologies émergentes laissent entrevoir de fortes potentialités pour la réalisation de nouvelles applications micro-ondes notamment dans le domaine des fonctions ajustables. Lorsque le matériau est intégré dans la structure de propagation d'un dispositif, les performances électriques du circuit dépendent des caractéristiques intrinsèques du composite, de la structure de propagation et de l'interaction onde-matière caractéristique de la topologie de la structure de propagation.

Ce chapitre est consacré aux matériaux magnétiques utilisés pour la réalisation de dispositifs hyperfréquences. Dans un premier temps, les matériaux les plus usités aux fréquences micro-ondes sont décrits. Ce bref rappel est complété par l'évocation des nouveaux matériaux magnétiques pour l'électronique hyperfréquence. Dans un second temps, les propriétés essentielles des milieux ferrimagnétiques sont reportées. Cette étude est limitée aux phénomènes et aux propriétés intervenant dans les dispositifs hyperfréquences. Finalement, le composite ferromagnétique lamellaire utilisé dans la suite de ce travail est détaillé. Une attention particulière a été portée à la mise en relief des atouts de ce matériau pour son utilisation dans des fonctions micro-ondes, mais aussi à la mise en évidence des défauts de celui-ci. Ces défauts ont pour effet de dégrader les performances des caractéristiques de répartition des circuits. Ce travail est complété par une optimisation des propriétés intrinsèques du matériau basée sur l'analyse de sa dispersion face à une onde électromagnétique.

Dans la suite de ce mémoire, les différentes études sont menées pour un composite "idéal" issu de l'optimisation et sont, en pratique, réalisées avec un composite ferromagnétique lamellaire conçu par le CEA Le Ripault.

I. CARACTERISTIQUES RECHERCHEES POUR DES APPLICATIONS MICRO-ONDES

Pour la gamme des matériaux magnétiques couramment utilisés en hyperfréquence, les principales propriétés recherchées sont [71] :

- une faible conductivité électrique (σ),

- un faible champ coercitif (H_C),

- une forte aimantation à saturation ($4\pi M_S$) et rémanente ($4\pi M_r$),

- un cycle d'hystérésis carré,

- une bonne stabilité en température.

Par ailleurs, une forte sensibilité des matériaux et des dispositifs au champ magnétique statique appliqué est aussi recherchée afin de permettre la miniaturisation des systèmes et une diminution de la consommation électrique. En effet, favoriser une forte variation des caractéristiques des circuits pour de faibles intensités de champ magnétique extérieur permet la réduction du volume du dispositif de commande.

II. LES MATERIAUX MAGNETIQUES UTILISES EN HYPERFREQUENCE

Traditionnellement, les matériaux magnétiques utilisés pour des applications hyperfréquences sont les ferrites pour leur caractère magnétique et leur faible conductivité électrique. La nature chimique et cristallographique de ces matériaux permet de distinguer trois classes de ferrites à propriétés bien spécifiques aux fréquences micro-ondes : ce sont les ferrites spinelles, les ferrites hexagonaux et les grenats [72].

Les ferrites sont des oxydes mixtes formés par le fer à l'état III (Fe_2O_3) et par un oxyde d'un autre métal (MO_n). La formule générale des ferrites est donc xFe_2O_3, yMO_n. Ces composés solides possèdent deux ou plusieurs sous-réseaux cristallins constitués par des atomes porteurs d'un moment magnétique. Selon le sous-réseau considéré, la nature et (ou) le nombre de porteurs sont différents. A l'intérieur d'un sous-réseau, les moments sont disposés parallèlement les uns aux autres. Mais les différents sous-réseaux n'ont pas tous leurs moments en disposition parallèle.

Certaines propriétés sont communes à tous les ferrites :

- ce sont des associations d'état solide dont le squelette est formé par des atomes d'oxygène qui se présente toujours en une organisation assez compacte soit cubique à faces centrées, soit hexagonal,

- ces arrangements d'oxygènes délimitent des sites cristallographiques, le plus souvent tétraédriques (4 oxygènes) et octaédriques (6 oxygènes). Dans ces sites viendront se placer les ions métalliques: fer Fe, métal M… Cependant, les atomes d'oxygènes peuvent se déplacer légèrement du fait de la présence de ces métaux dans les sites cristallographiques,

- les ions métalliques Fe ou métal M sont toujours substituables par d'autres ions afin de mettre en exergue ou de diminuer une propriété du matériau. Par exemple, la substitution par de l'Aluminium dans les ferrites permet de baisser l'aimantation à saturation. Dans toutes les structures, il existe au moins un atome porteur d'un moment magnétique : c'est l'ion Fe^{3+}.

1 LES GRENATS DE TERRE RARE OU FERRITES DE LANTHANIDES (LN)

Ces ferrites sont caractérisés par de faibles pertes aux fréquences micro-ondes et une faible aimantation à saturation. Ils ont une formule de type MFe_2O_3 ou $M_3Fe_5O_{12}$. La structure cristalline est isomorphe à celle de la perovskite ($CaTiO_3$), c'est-à-dire que les atomes d'oxygène sont en disposition cubique face centrée, le fer se situant en une position octaédrique et l'ion lanthanide dans un site dodécaédrique. Ils sont principalement utilisés dans la bande de fréquence 1-10 GHz.

2 LES FERRITES SPINELLES

Ce sont des composés de formule générale $MOFe_2O_3$ dérivant du fer trivalent et d'un métal divalent (Ni, Co, Mn, Fe, Zn, Mg, Cd…). Toutes ces spinelles sont caractérisées par une maille cubique faces centrées. C'est la famille de ferrite la plus utilisée en hyperfréquence dans la bande de fréquence 3-30 GHz en raison des faibles pertes conductrices et de l'aimantation à saturation plus élevée que pour les grenats. Cependant, cette aimantation à saturation est inférieure à 5 kG.

3 LES FERRITES HEXAGONAUX

Deux classes de ferrites hexagonaux coexistent : MFe_2O_4 ou $MFe_{12}O_4$. Ce sont des matériaux à structure cristallographique hexagonale. Ils possèdent une forte aimantation à saturation et sont difficiles à saturer. Ils sont principalement utilisés pour la réalisation d'aimants permanents en raison de leur large cycle d'hystérésis mais ont aussi des applications en hyperfréquence. Le domaine fréquentiel d'utilisation de ces matériaux est la bande de fréquence 1-100 GHz.

Le tableau suivant récapitule les principales caractéristiques des ferrites utilisés en hyperfréquence:

Caractéristiques	Grenat	Hexaferrite	Spinelle
Bande de fréquence	1 - 10 GHz	1 - 100 GHz	3 - 30 GHz
Ions utilisés	Y, Gd, Al	Sr, Ba, Pb	Mn, Mg, Ni, Li
Tc (Celcius)	100 - 280	500	175-560
$4\pi M_S$ (kG)	0.29 - 1.95	> 5	1.13 - 5
ε_r	13.9 - 15.5	?	12 - 16.7
$tan(\delta)$	$< 2.10^{-4}$	?	$< (3\text{-}5).10^{-4}$
ΔH_{eff} (Oe)	2 - 140	?	4 - 9
ΔH (Oe)	1 - 50	>50	3 - 40

Tab. II. 1 : Propriétés des différentes classes de ferrites utilisées en hyperfréquence

4 TECHNOLOGIES EMERGENTES POUR DE NOUVEAUX MATERIAUX

La réalisation de fonctions micro-ondes accordables utilisant des matériaux magnétiques requiert une forte sensibilité du circuit hyperfréquence à la contrainte extérieure (champ magnétique appliqué, contrainte mécanique). La grandeur caractéristique de cette sensibilité à la commande est la perméabilité qui est reliée à l'aimantation à saturation ($4\pi M_S$) du matériau magnétique. Pour les ferrites, l'aimantation à saturation est limitée à 5 kG. Une alternative à l'utilisation de ces matériaux est l'intégration des composites ferromagnétiques dans les structures micro-ondes. Ces matériaux sont la combinaison de matière isolante et d'un milieu ferromagnétique. Les matériaux ferromagnétiques sont caractérisés d'un point de vue magnétique par une forte aimantation à saturation (Fe, $4\pi M_S = 22$ kG) et d'un point de vue électrique par une forte conductivité (Fe, $\sigma > 10^6$). Cette propriété électrique est un obstacle pour l'introduction de milieux ferromagnétiques dans les circuits car le caractère métallique est source de fortes pertes par courants induits et de réflexion des ondes.

Différents types de composites ferromagnétiques se distinguent de par la mise en forme de la matière ferromagnétique dans le milieu de propagation :

- les matériaux basés sur la dispersion de particules ferromagnétiques dans une matrice isolante, le plus souvent une matrice diélectrique [73]-[76],

- les matériaux basés sur des fils ferromagnétiques soit arrangés dans une matrice diélectrique, ou soit à partir de substrats nanoporeux chargés de matière ferromagnétique [77]-[79],

- les matériaux basés sur une alternance de couches diélectriques et ferromagnétiques [80]-[84].

De nombreuses études sont menées parallèlement sur ces différentes catégories de composites ferromagnétiques. Un grand intérêt est porté aux composites dispersés en raison de l'anisotropie du matériau engendrée par le champ magnétique statique et du faible coût de fabrication pour des applications hyperfréquences via la filière technologique des couches épaisses. Les études menées sur les fils ferromagnétiques laissent entrevoir de fortes potentialités pour des dispositifs non-réciproques à commande de faible intensité. La dernière catégorie de matériaux est principalement étudiée pour les effets de magnétorésistance ou pour l'effet tunnel ([82],[85]). Cependant, ces composites laissent entrevoir de bonnes caractéristiques pour une application en hyperfréquence [71].

III.   PROPRIETES DES MATERIAUX MAGNETIQUES

1   SUBDIVISION DE LA MATIERE

En 1907, Weiss a montré que les ferrites polycristallins sont naturellement divisés en un grand nombre de petits volumes possédant chacun une direction d'aimantation différente de celle de ses voisins (Figure II. 1). Ces volumes sont dénommés domaines magnétiques ou domaines de Weiss. L'arrangement de ces domaines les uns par rapport aux autres est réalisé afin de minimiser l'énergie interne du matériau.

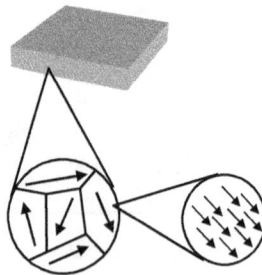

Figure II. 1 : Domaines de Weiss dans un ferrite polycristallin

Ici, un bref rappel de l'origine physique des principales contributions à l'énergie interne magnétique est effectué :

- l'énergie d'échange d'Heisenberg : d'origine purement quantique, cette interaction est responsable de l'alignement des sous-réseaux de spins,

- l'énergie magnétostatique : l'aimantation des systèmes est susceptible de réagir à un champ magnétique extérieur **H** (énergie Zeeman) et de générer un champ magnétique H_d (énergie de champ démagnétisant). Le premier terme tend à aligner l'aimantation dans la direction du champ tandis que le second s'oppose à la formation de charges magnétiques volumiques et surfaciques,

- l'énergie magnéto-cristalline : cette énergie volumique révèle l'interaction spin-orbite qui couple l'aimantation au réseau cristallin. Elle peut être intrinsèque à la nature du matériau ou bien induite par les conditions d'élaboration du matériau,

- l'énergie magnétoélastique : elle traduit l'influence des déformations cristallographiques sur l'orientation de l'aimantation et réciproquement,

Pour les matériaux magnétiques se présentant sous forme de multicouches dont la couche intercalaire (espaceur) est non-magnétique, il faut ajouter à ces énergies l'énergie de couplage indirect. Cette contribution rend compte du couplage entre les aimantations de deux couches magnétiques. Il est très important de la prendre en compte car généralement le comportement de ces matériaux est gouverné par les propriétés interfaciales.

Afin de permettre cette minimisation de l'énergie interne, des parois entre les domaines se créent. La compétition entre les termes d'énergie d'échange, d'anisotropie et de champ démagnétisant peut entraîner deux types d'architecture des parois: les parois de Bloch (Figure II. 2) ou de Néel (Figure II. 3). Dans les parois de Bloch, la direction de l'aimantation transite progressivement d'un domaine à l'autre par une rotation autour d'un axe perpendiculaire au plan de la paroi. Pour les parois de type Néel, la direction de l'aimantation tourne autour d'un axe parallèle au plan de la paroi.

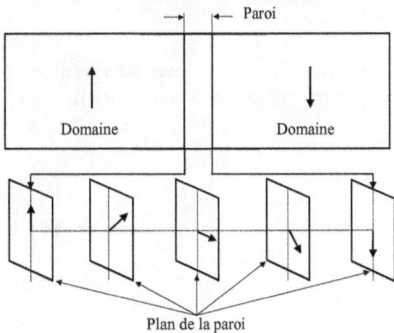

Figure II. 2: Paroi de Bloch entre deux domaines magnétiques

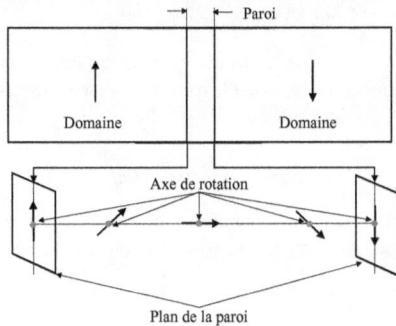

Figure II. 3 : Paroi de Néel entre deux domaines magnétiques

L'énergie du champ démagnétisant engendré par la rotation de l'aimantation à l'intérieur des domaines détermine le type de paroi entre les domaines.

2   LES MECANISMES D'AIMANTATION

Dans un ferrite polycristallin à l'état désaimanté, les directions d'aimantation des domaines magnétiques sont distribués de manière isotrope tout en minimisant l'énergie potentielle globale du matériau magnétique. L'application d'un champ magnétique de polarisation externe H_0 sur le matériau engendre deux processus d'aimantation :

- aimantation par déplacement de parois,

- aimantation par rotation de moments magnétiques.

A.   *Déplacement de parois*

L'arrangement des domaines de Weiss est dépendant des contraintes extérieures. Sous l'effet d'un champ magnétique, un déplacement de paroi a lieu de façon à favoriser les domaines dont le sens de l'aimantation est le plus proche de celui du champ extérieur au détriment des autres domaines (Figure II. 4). C'est un phénomène collectif qui peut conduire à des variations d'aimantation très fortes pour des champs de faibles amplitudes.

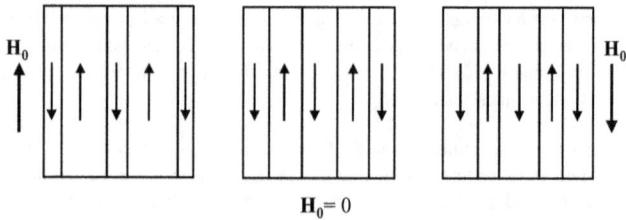

Figure II. 4 : Aimantation par déplacement de parois

B.   *Rotation de spins*

Lorsque les parois magnétiques ont une mobilité restreinte ou sont absentes, l'aimantation est principalement due à la rotation des moments magnétiques pour s'orienter dans la direction du champ magnétique externe.

C.   *Hystérésis d'un cristal unique*

Dans ce paragraphe, les deux mécanismes d'aimantation sont mis en évidence par rapport à la courbe de première aimantation d'un cristal (Figure II. 5).

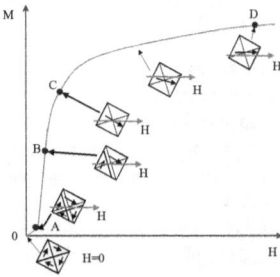

Figure II. 5 : Courbe de première aimantation et représentation des processus d'aimantation

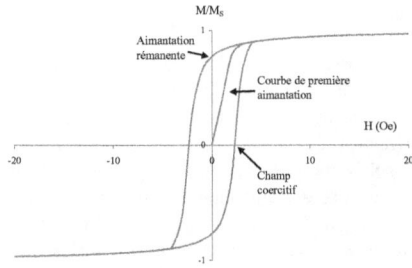

Figure II. 6 : Cycle d'hystérésis et grandeurs caractéristiques

- pour des valeurs de champs faibles (de 0 au point A), l'aimantation du cristal est réversible et linéairement proportionnelle au champ appliqué (zone de Rayleigh). Cette aimantation est due à un déplacement réversible des parois magnétiques.

- pour des champs moyens (du point A au point C), l'aimantation subit rapidement une augmentation. Dans cette zone de la courbe d'aimantation se produisent des basculements dans les domaines. Un basculement consiste en un changement brusque de la direction de l'aimantation spontanée qui, dans un domaine, passe d'une direction privilégiée à une autre position privilégiée ; position qui fait un angle plus faible avec le champ extérieur. Ce phénomène est irréversible. Il reste, en conséquence, après annulation du champ extérieur, une aimantation macroscopique non-nulle : l'aimantation rémanente.

- au dessus du point C, le champ continuant à croître, l'aimantation augmente toujours mais plus lentement. Dans cette zone, le processus d'aimantation est réversible. Le phénomène responsable de cette évolution est la rotation de l'aimantation spontanée. Au point C, l'aimantation fait un certain angle avec le champ extérieur car l'aimantation est restée parallèle à une certaine direction cristallographique du matériau. Entre les points C et D, cette aimantation spontanée s'oriente parallèlement au champ en effectuant une rotation progressive à partir de sa direction privilégiée : c'est la zone d'approche à saturation

La courbe OACD est appelée courbe de première aimantation.

Si la saturation est atteinte et que le champ commence à décroître, la partie réversible DC est reproduite, puis la valeur de l'aimantation macroscopique quitte la courbe de première aimantation au point C. Pour un champ d'intensité nulle, il subsiste une certaine aimantation rémanente. Si le champ change de sens, l'aimantation va baisser du fait des retournements à l'intérieur des domaines. L'aimantation globale spontanée est nulle pour le champ coercitif. L'aimantation décrit alors un cycle d'hystérésis en fonction du champ magnétique appliqué (Figure II. 6).

3 EFFET DE LA FORME ET DE LA TAILLE

La forme des matériaux ferrites utilisés dans les dispositifs hyperfréquences en lignes plaquées (lignes microrubans ou coplanaires) n'ont généralement pas une forme ellipsoïdale. Dans ce cas, la distribution de l'aimantation dans ces milieux n'est pas uniforme. Les performances des dispositifs hyperfréquences sont très sensibles à cette inhomogénéité d'aimantation, en particulier par l'hétérogénéité de répartition de l'énergie interne engendrée au niveau des arêtes de l'échantillon magnétique.

Lorsqu'un échantillon de ferrite est soumis à un champ magnétique extérieur (H_0), le champ magnétique interne est différent du champ H_0. En première approximation, la différence entre ces deux quantités varie en fonction de la forme et des dimensions géométriques du matériau. Ce phénomène s'explique à l'aide du concept de masses (ou pôles) magnétiques par analogie aux charges de polarisation. Sous l'influence d'un champ magnétique statique extérieur, le matériau s'aimante donnant lieu à l'apparition des masses magnétiques aux extrémités de l'échantillon de dimensions finies (Figure II. 7). Ces masses créent à leur tour un champ magnétique H_d (champ démagnétisant) de sens opposé au champ excitateur. Il s'exprime en fonction d'un tenseur de coefficients démagnétisants N par:

$$\overrightarrow{H_d} = -\overleftrightarrow{N}.\overrightarrow{M}$$

Eq.II- 1

Le champ interne vaut donc:

$$\overrightarrow{H_i} = \overrightarrow{H_0} + \overrightarrow{H_d} = \overrightarrow{H_0} - \overleftrightarrow{N}.\overrightarrow{M}$$

Eq.II- 2

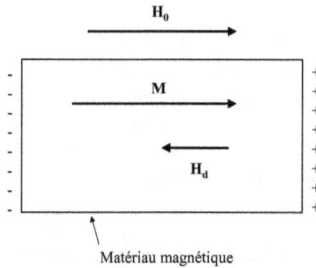

Figure II. 7 : Effet démagnétisant sur un matériau magnétique de forme non ellipsoïdale

La connaissance du tenseur local des coefficients démagnétisants est alors nécessaire pour analyser et dimensionner les dispositifs hyperfréquences. Le caractère local de ce tenseur requiert l'utilisation de simulations micromagnétiques pour la détermination du champ magnétique interne macroscopique [86].

IV. PROPRIETES HYPERFREQUENCES DES MATERIAUX MAGNETIQUES

1 LE DEPLACEMENT DYNAMIQUE DE PAROIS MAGNETIQUES

La paroi magnétique se déplace sous l'action d'un champ dynamique autour d'une position d'équilibre. ce mécanisme est à l'origine de fortes perméabilités aux basses fréquences. En augmentant la fréquence, le battement de la paroi ne peux plus se faire à la fréquence du signal : c'est la relaxation de paroi. Dans ce cas, la perméabilité du matériau n'est alors due qu'au mouvement de précession des moments magnétiques.

2 LA PRECESSION DES MOMENTS MAGNETIQUES

A l'échelle atomique, le magnétisme a deux origines : le moment magnétique orbital de l'électron par rapport au noyau et le moment magnétique de spin représentant la rotation de l'électron sur lui-même. Si un champ de polarisation H_0 suffisamment important est appliqué, les moments magnétiques élémentaires **M** s'orientent selon H_0. Il se crée un couple de force entre le champ magnétique et l'aimantation.

L'équation du mouvement de l'aimantation **M** autour du champ de polarisation H_0 s'écrit :

$$\frac{d\overrightarrow{M}}{dt} = \gamma.\overrightarrow{M} \wedge \overrightarrow{H_i}$$

Eq.II- 3

Où H_i est le champ interne du milieu. Le champ intérieur H_i est la somme de tous les champs internes et externes agissant sur l'aimantation.

$$\overrightarrow{H_i} = \overrightarrow{H_0} + \overrightarrow{H_{an}} + \overrightarrow{H_d} + \overrightarrow{H_{ech}}$$

Eq.II- 4

où H_{an} est le champ d'anisotropie du matériau, H_d le champ démagnétisant et où H_{ech} est le champ d'interaction entre les dipôles magnétiques. Cela se traduit par une précession du vecteur aimantation **M** autour de H_i à la pulsation de Larmor.

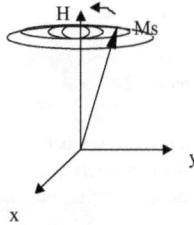

Figure II. 8 : Précession et relaxation du moment magnétique autour de sa position d'équilibre

Dans le milieu ferrimagnétique, des pertes sont présentes et le mouvement de précession s'accompagne d'une dissipation d'énergie (interactions spin-spin et spin-réseau). Le mouvement s'amortit en l'absence de champ externe d'excitation. Le vecteur d'aimantation décrit un mouvement de précession de type spirale¹ avant de venir s'aligner sur le vecteur H_0. Pour tenir compte de cet amortissement, il faut considérer une force de rappel dirigée vers l'axe du cône de précession. L'angle de précession diminue progressivement jusqu'à annulation totale du mouvement (Figure II. 8). Une constante de pertes (α) est alors introduite dans l'équation du mouvement de l'aimantation afin de représenter ce mécanisme de dissipation d'énergie (modèle de Landau-Lifschitz-Gilbert).

$$\frac{d\overrightarrow{M}}{dt} = -\gamma.\overrightarrow{M} \wedge \overrightarrow{H_i} + \frac{\alpha}{\left\|\overrightarrow{M}\right\|}.\overrightarrow{M} \wedge \frac{d\overrightarrow{M}}{dt}$$

Eq.II- 5

Le mouvement de précession peut être entretenu par l'application d'un champ hyperfréquence **h** à condition que sa pulsation corresponde à la pulsation angulaire et que son sens de rotation soit le même que celui de la précession.

Le terme d'amortissement α de l'équation du mouvement représente les pertes magnétiques dans le matériau. Ce paramètre est fonction de l'état d'aimantation du matériau, de la fréquence, de la température ainsi que de la structure cristalline. Une mesure expérimentale de ce terme est la largeur à mi-hauteur des pertes magnétiques ΔH. Quantitativement, il représente la vitesse à laquelle l'énergie micro-onde est transférée du système des moments magnétiques qui précessent à la structure cristalline. Un transfert rapide de cette énergie engendre un fort coefficient d'amortissement. Pour des applications micro-ondes, de faibles pertes à la résonance sont recherchées : ΔH faible.

La figure suivante donne les contributions des deux mécanismes aux pertes magnétiques : la relaxation des parois magnétiques et la résonance gyromagnétique.

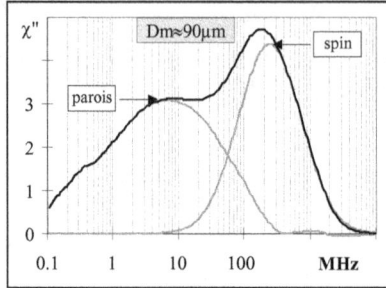

Figure II. 9: Contribution des deux mécanismes de pertes magnétiques en hyperfréquences d'un composite ferromagnétique dispersé (diamètre des grains: 90 μm) [87]

Les deux phénomènes de pertes (relaxations des parois et résonances des spins) sont un obstacle majeur à la conception de dispositifs faibles-pertes tels que les filtres ou les déphaseurs fonctionnant à des fréquences inférieures à la fréquence de fin de pertes magnétiques.

Traditionnellement, les dispositifs caractérisés par de faibles pertes d'insertion à base de ferrites ont une fréquence de fonctionnement f_f définie par :

$$\frac{\gamma.(4\pi M_S + H_0)}{f_f} \leq 0.5 \qquad\qquad Eq.II\text{-} 6$$

Cela permet d'avoir une fréquence de travail supérieure à la bande de fréquences où les pertes d'origine magnétique se produisent.

3   *LA PERMEABILITE HYPERFREQUENCE*

L'application de champs magnétiques statique et dynamique crée au niveau du moment magnétique un couple mécanique. Il en résulte une aimantation dont l'origine est à la fois statique et dynamique. La résolution de l'équation de Landau-Lifschitz-Gilbert permet de déterminer la relation d'anisotropie entre l'induction magnétique et le champ magnétique. Un tenseur de perméabilité ($\overset{\leftrightarrow}{\mu}$) est alors défini. Il représente le comportement en fréquence du matériau magnétique dans un état d'aimantation donné.

$$\vec{B} = \overset{\leftrightarrow}{\mu}.\vec{H} = \mu_0.\begin{bmatrix} \mu_r & j.\kappa & 0 \\ -j.\kappa & \mu_r & 0 \\ 0 & 0 & \mu_z \end{bmatrix}.\vec{H} \qquad\qquad Eq.II\text{-} 7$$

Le tenseur de perméabilité est dissymétrique. L'exploitation de cette propriété permet la réalisation de dispositifs micro-ondes non-réciproques tels que les circulateurs ou les isolateurs. La connaissance du comportement en champ des matériaux magnétiques est primordial pour la réalisation de ces fonctions. Au LEST, deux modèles ont été récemment développés pour calculer le tenseur de perméabilité des ferrites et des composites magnétiques non-saturés[88]-[91].

V. LE COMPOSITE FERROMAGNETIQUE LAMELLAIRE

1 PROPRIETES DUES A LA TECHNIQUE D'ELABORATION DU COMPOSITE LAMELLAIRE

A. Technique d'élaboration [92]

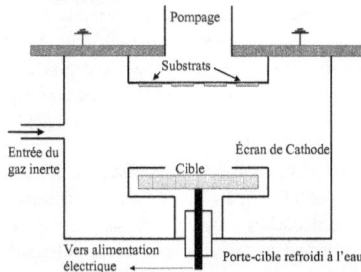

Figure II. 10: Synopsis du dispositif de pulvérisation cathodique

La technique de dépôt des couches minces utilisée est celle de la pulvérisation au déroulé par magnétron. Un schéma synoptique est donné ci-contre (Figure II. 10). Une différence de potentiel est créée entre la cible (cathode) et le substrat placé sur l'anode. Dans le dispositif du magnétron, des aimants permanents sont disposés à l'arrière de la cible pour générer un champ magnétique intense parallèlement à la surface de la cible et perpendiculairement au champ électrique. Un gaz inerte (Argon ou Krypton) remplit l'espace entre l'anode et la cathode.

Le procédé de dépôt est le suivant :

- génération d'ions dirigés vers la cible par décharge électroluminescente dans le gaz inerte,

- pulvérisation des atomes de la cible par les ions,

- diffusions des atomes éjectés vers le substrat,

- condensation à la surface du substrat d'une partie des atomes pulvérisés pour former une couche mince.

La méthode du magnétron consiste en un confinement des électrons dans un champ magnétique près de la cible (70 cm). Cette concentration d'électrons est obtenue par la combinaison d'un champ électrique et d'un champ magnétique (20 Oe) parallèle à la surface de la cible. La configuration des champs oblige les électrons à suivre une trajectoire non-rectiligne, généralement spiroïdale ou cycloïdale, ce qui provoque beaucoup plus de collisions avec le gaz inerte et augmente le taux d'ionisation (1 seul électron émis par la cible peut générer au moins dix ions). Les ions pulvérisés ont une trajectoire quasi rectiligne jusqu'au substrat sur lequel ils condensent pour former la couche mince. Le substrat retenu est le Kapton ou le Mylar ; substrats diélectriques flexibles de faible indice.

L'épaisseur des films est contrôlée par la vitesse de déroulement du substrat. Cette épaisseur est une grandeur très importante pour l'intégration des films dans des applications hyperfréquences. En effet, cette épaisseur détermine la limite en fréquence d'utilisation des films ; limite imposée par l'épaisseur de peau des films ferromagnétiques. L'épaisseur des films doit donc être homogène afin d'avoir les mêmes propriétés électromagnétiques dans tout le film. La technique de dépôt par pulvérisation au déroulé a une tolérance sur l'épaisseur du film de 10% suivant la longueur et de 5 % suivant la largeur du dépôt.

Le champ magnétique statique du magnétron impose une axe privilégié pour l'orientation des moments magnétiques des atomes ionisés qui forment la couche mince. L'effet combiné de la température de dépôt et du champ magnétique du magnétron permet d'éviter la nucléation de domaines de Weiss, donc de générer un état monodomaine du film ferromagnétique. Par ailleurs, cela permet aussi un ancrage plus important des axes d'anisotropies. Le résultat est donc un film ferromagnétique de forte perméabilité ayant un comportement hyperfréquence dépourvu de relaxation de parois. Cette propriété magnétique sera vérifiée lors de la phase de caractérisation hyperfréquence développée dans le chapitre suivant et sera à la base des fonctions hyperfréquences agiles.

Les composites ferromagnétiques multicouches réalisés au CEA *Le Ripault* sont nommés matériaux **LIFT** pour matériaux **L**amellaires **I**solants / **F**erromagnétiques illuminés sur la **T**ranche. La conception de ces matériaux multicouches magnétiques se fait par la découpe de rubans {couche mince + substrat} qui sont collés entre eux avec une colle polyimide diélectrique. Les moments magnétiques des différentes couches sont orientés colinéairement et dans le même sens. Un empilement de couches minces diélectriques / ferromagnétiques est alors réalisé (Figure II. 11). Des tests menés au CEA Le Ripault ont démontré que la colle n'avait pas d'incidence sur les propriétés électromagnétiques du composite mais uniquement sur la concentration en matière ferromagnétique dans le composite.

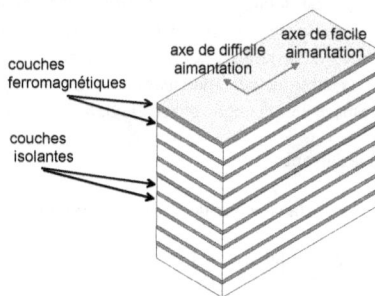

Figure II. 11: Empilement de couches ferromagnétiques et de couches diélectriques

B. *Diagramme de diffraction de rayons X*

Un diagramme de diffraction des rayons X en mode θ-2θ (Figure II. 12) d'une couche mince ferromagnétique a été réalisé au Laboratoire de Chimie du Solide et Inorganique Moléculaire de Rennes I. Cette méthode permet la détermination de l'axe cristallographique du matériau d'orientation perpendiculaire à sa surface.

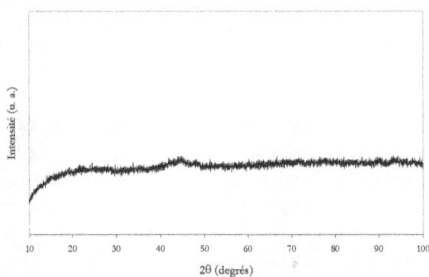

Figure II. 12: Diagramme de diffraction des rayons X d'une couche mince ferromagnétique

De ce diagramme, il en ressort qu'il n'apparaît pas de texturation dans un plan perpendiculaire à la surface du film. La perturbation qui se produit aux alentours de 45 degrés semble être due à la manipulation.

Afin de vérifier la structure amorphe du film, c'est-à-dire l'absence de structure cristalline à longue échelle dans le film, la technique du goniomètre à 4 cercles devrait être utilisée. Dans la suite de ce travail, les couches minces constituant le composite LIFT seront considérées comme étant amorphes.

C. *Microscopie électronique*

Des clichés de microscopie électronique à balayage réalisés dans les locaux du Groupe de Microscopie Electronique de l'UBO (Figure II. 13 et Figure II. 14) montrent la section transverse d'un échantillon de composite LIFT utilisé pour les mesures et les dispositifs hyperfréquences.

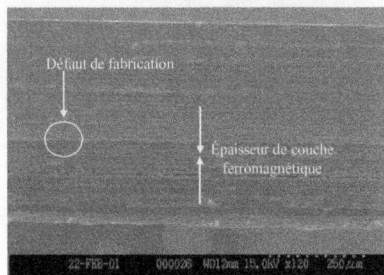

Figure II. 13: Microscopie électronique du LIFT

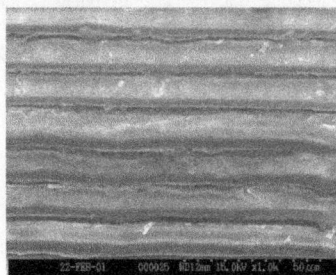

Figure II. 14: Zoom

La Figure II. 13 est une photographie de l'empilement des couches ferromagnétiques et diélectriques. Les épaisseurs des couches diélectriques et ferromagnétiques sont respectivement de 12 µm et 0.43 µm. L'observation des couches montre que les épaisseurs des couches d'une même matière ne sont pas identiques. Des pertes par effet de peau peuvent apparaître plus tôt en fréquence si l'épaisseur de la couche ferromagnétique est plus importante que celle prévue.

De même, des aspérités dans l'empilement peuvent être aperçues.

La Figure II. 14 met en évidence une légère ondulation des couches ferromagnétiques. Lorsque le matériau LIFT est polarisé avec le champ électrique hyperfréquence orthogonal aux plans ferromagnétiques, des pertes par conduction peuvent être induites dues à l'inhomogénéité locale de la planéité des couches.

De plus, la découpe du composite peut induire quelques phénomènes physiques supplémentaires. Lors de l'usinage de l'échantillon à la taille désirée pour l'intégrer dans un dispositif hyperfréquence, les couches peuvent s'incliner sur les bords de quelques degrés (Figure II. 15). L'effet de ce glissement peut se traduire en hyperfréquence par des pertes supplémentaires. En effet, pour être utilisable aux fréquences micro-ondes, le matériau doit être polarisé sur la tranche avec le champ électrique perpendiculaire aux plans métalliques. L'inclinaison locale des couches ferromagnétiques engendre une composante du champ électrique dans le plan des couches : des pertes par conduction apparaissent.

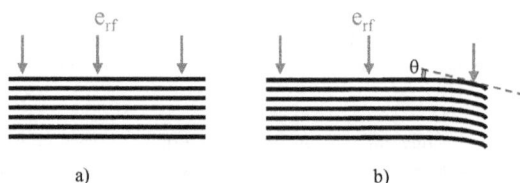

a)   b)

Figure II. 15 : Schéma illustrant l'inclinaison des couches d'un angle θ du à la découpe a) matériau idéal b) matériau réel

Par ailleurs, les contraintes induites par la méthode de découpe imposent un nouvel arrangement des moments magnétiques situés près des bords du film. Ce réarrangement des moments magnétiques modifie la compétition entre les différentes énergies qui déterminent le comportement magnétique du matériau (champ d'anisotropie par exemple). Cela peut induire un étalement et un décalage des pertes magnétiques à la résonance gyromagnétique.

D. *Aspect des films: contrainte anisotrope*

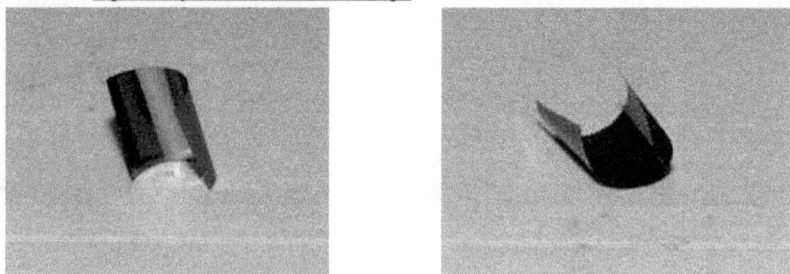

Figure II. 16: Photographies de films ferromagnétiques utilisés pour les composites LIFT

Des photographies des films ferromagnétiques utilisés pour les dispositifs hyperfréquences montrent la forme typique prise par les rubans (Figure II. 16). Une faible hélicité, combinaison d'une torsion et d'une courbure du film, est observée. Cela met en évidence l'existence d'une contrainte anisotrope dans les films minces réalisés par pulvérisation sur substrats souples.

Les contributions à la direction de l'axe d'anisotropie sont multiples. Parmi celle intervenant dans la déviation de cet axe d'anisotropie, il y a d'une part une mauvaise orientation des films lors de la découpe des films et d'autre part une contrainte magnétoélastique engendrée par le substrat lors du refroidissement du film après le dépôt. L'effet de cette déviation par rapport à la polarisation du composite par une onde hyperfréquence peut se traduire par un étalement des pertes gyromagnétiques, une fréquence de résonance gyromagnétique différente de la théorie ainsi qu'un niveau de la perméabilité statique inférieur à celui prédit théoriquement.

2 *PROPRIETES MAGNETIQUES STATIQUES*

A. *Cycles d'hystérésis*

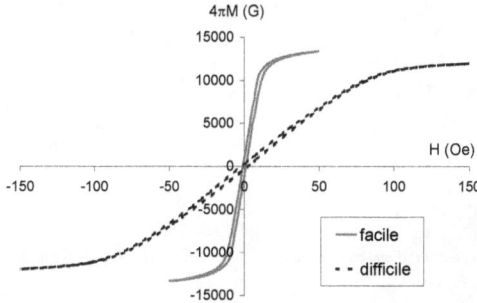

Figure II. 17: Cycles d'hystérésis du composite LIFT suivant l' axe facile aimantation et de difficile aimantation

La figure ci-dessus (Figure II. 17) montre des cycles d'hystérésis des composites LIFT (8 mm×2 mm×0.580 mm) mesurés selon les axes de facile et de difficile aimantations des couches ferromagnétiques. Ce graphe met en évidence l'anisotropie planaire uniaxiale présente dans le composite. L'aimantation à saturation ($4\pi M_S$) du composite est de 13000 G. L'approche à saturation est atteinte selon la direction de l'axe de facile aimantation pour un champ magnétique extérieur de 50 Oe environ.

Le processus d'aimantation de ce matériau est bien représenté par le modèle de Stoner et Wolfarth : c'est un modèle basé sur une aimantation du matériau par rotation des moments magnétiques. L'emploi de ce modèle de perméabilité est justifié par le caractère monodomaine des films ferromagnétiques.

Ce cycle carré, suivant l'axe de facile aimantation, est légèrement incliné en raison des champs démagnétisants statiques. Le champ coercitif est de faible amplitude et l'aimantation rémanente de 1300 Gauss.

B. *Inhomogénéité du champ interne au sein de l'empilement*

Une étude réalisée par J-L. Mattei pour le CEA [93] a permis le calcul de la variation du champ magnétique interne au sein d'une couche mince ferromagnétique et dans un empilement. Un code de magnétostatique basé sur la méthode des éléments finis (OPERA3D, [94]) a permis de montrer théoriquement la non-uniformité du champ interne dans les couches ferromagnétiques

Dans le cas d'une couche ferromagnétique isolée dont l'axe de facile aimantation est orienté selon l'axe Oy, le champ interne est inhomogène même en l'absence de champ extérieur (Figure II. 18). Cette variation de champ est principalement due aux champs démagnétisants. Le calcul du coefficient démagnétisant dans la direction d'aimantation montre une variation de plus de 450 % entre la zone centrale du film et les bords (Figure II. 19). Cette variation dépend des dimensions géométriques du film ferromagnétique.

La conséquence de la non-uniformité d'aimantation est un étalement en fréquence des pertes magnétiques. En effet, la distribution du champ interne dans la couche engendre une distribution des fréquences de résonance gyromagnétique.

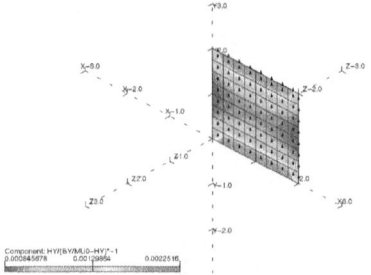

Figure II. 18: Champ démagnétisant d'une couche mince aimantée suivant Oy

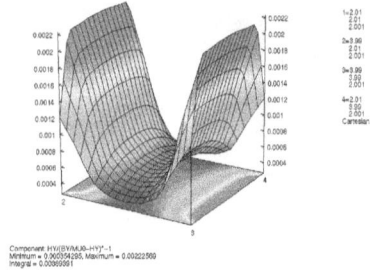

Figure II. 19: Coefficient démagnétisant suivant l'axe Oy

Après avoir examiné la situation simple d'une couche isolée, l'étude s'est portée vers la détermination de la répartition du champ magnétique interne dans un empilement de quatre couches ferromagnétiques dont l'axe de facile aimantation est dirigé selon la direction Oy. Toutes les couches sont équidistantes.

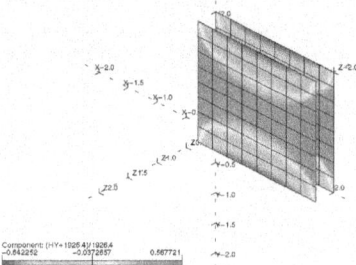

Figure II. 20: Champ démagnétisant des couches externes

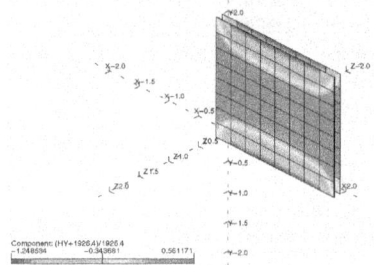

Figure II. 21: Champ démagnétisant des couches internes

Les figures ci-dessus montrent la répartition du champ magnétique interne des couches extérieures (Figure II. 20) ou des couches intérieures (Figure II. 21). La variation du champ interne des couches extérieures atteint 280% tandis qu'elle est d'environ 400% pour les couches intérieures. La conséquence de cette hétérogénéité d'aimantation aux fréquences micro-ondes est la même que dans le cas de la couche isolée.

Par ailleurs, la différence entre les répartitions du champ interne dans les couches extérieures et intérieures montre qu'une énergie d'intéraction existe entre les différentes couches. Ceci a été démontré dès les faibles concentrations en matière ferromagnétique dans le composite.

3 PROPRIETES DYNAMIQUES

Dans la suite de ce travail, l'hétérogénéité de l'aimantation des films ferromagnétiques ou de l'empilement due aux effets de bord n'est pas prise en compte.

L'utilisation de couches ferromagnétiques ou d'empilements de ces couches présente de nombreux avantages pour les dispositifs fonctionnant aux fréquences micro-ondes. D'une part, la fréquence de résonance gyromagnétique est plus élevée que celle des ferrites en raison d'une aimantation à saturation plus élevée. Cela permet soit une fréquence de travail des dispositifs plus importante qu'avec les ferrites ou soit une réduction de la consommation électrique par l'augmentation de la sensibilité du dispositif au champ appliqué. D'autre part, le composite lamellaire peut être considéré comme un empilement de guides plans ; les films ferromagnétiques jouant le rôle des conducteurs. Lorsque le matériau est polarisé dans les conditions optimales, l'énergie hyperfréquence est concentrée dans les couches diélectriques entre les plans conducteurs. Les propriétés magnétiques des films ferromagnétiques sont excitées par l'onde hyperfréquence pénétrant le film métallique par effet de peau. La représentation du composite multicouche par un empilement de guides plans sera utilisée dans la suite pour déterminer et optimiser les propriétés de dispersion du composite.

A. Comportement hyperfréquence

La réponse du composite à une excitation par une onde hyperfréquence dépend fortement de la polarisation de l'onde arrivant sur le matériau. En effet, ces matériaux présentent une anisotropie induite par la géométrie de l'empilement multicouche.

Pour que le composite soit utilisable aux fréquences micro-ondes, ce matériau doit être isolant, c'est-à-dire il doit pouvoir propager une onde sans l'atténuer fortement. Il faut donc éviter les configurations où l'onde est réfléchie par le plan métallique (vecteur d'onde incident perpendiculaire aux plans métalliques) ou celle où de fortes pertes conductrices se produisent (champ électrique hyperfréquence parallèle aux plans des couches métalliques). Lorsque le matériau composite est polarisé sur la tranche, le champ électrique hyperfréquence doit être orthogonal aux plans des couches ferromagnétiques de sorte à éviter de fortes pertes par courants induits.

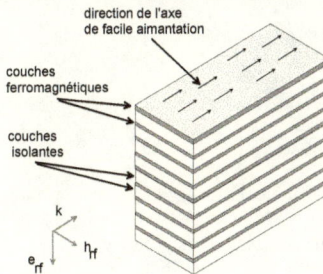

Figure II. 22 : Illumination optimale du composite lamellaire ferromagnétique par une onde hyperfréquence

Pour une telle polarisation, le composite multicouche peut être assimilé à un matériau isolant. Ce milieu présente alors deux comportements micro-ondes différents en fonction de l'orientation du champ magnétique hyperfréquence vis-à-vis de celle de l'axe de facile aimantation des couches ferromagnétiques :

- Les composantes magnétiques du champ hyperfréquence sont colinéaires à l'axe de facile aimantation : le spectre de perméabilité est dépourvu de résonance gyromagnétique et est proche de l'unité pour la partie réelle.

- le champ magnétique hyperfréquence est orthogonal aux moments magnétiques. La perméabilité est alors élevée et présente un caractère résonant dû aux relaxations des moments magnétiques autour de leurs positions d'équilibre.

B. *Homogénéisation du composite lamellaire ferromagnétique*

Dans le cas où la longueur d'onde de l'excitation est grande par rapport aux tailles des inclusions d'un mélange, la réponse de ce milieu peut être décrite par analogie avec celle d'un milieu homogène en fonction des propriétés de ses constituants, de leur concentration, et des différents paramètres de forme et de topologie. En général, ces lois d'homogénéisation établies pour le régime statique imposent que la longueur d'onde excitatrice soit très grande devant les longueurs d'ondes dans les constituants du mélange et devant la dimension caractéristique des particules. Cependant, elles peuvent être étendues à des régimes où certaines hypothèses ont perdu de leur validité [95],[96].

Pour les arrangements métal/isolant, l'onde excitatrice est fortement atténuée dans le métal sur une distance dénommée « effet de peau » en raison de la forte conductivité du métal ($\sigma > 10^6$). A une fréquence considérée, l'épaisseur de peau doit être supérieure à la taille de l'inclusion pour éviter les pertes par courants induits.

Considérant une polarisation optimale du matériau multicouche (onde arrivant sur la tranche du composite avec les champs électriques orthogonalement aux couches ferromagnétiques), le composite lamellaire peut être décrit avec l'utilisation des lois de Wiener. Le matériau homogène équivalent est caractérisé par une permittivité apparente (ε_a) et une perméabilité apparente (μ_a) données par les expressions suivantes :

$$\begin{cases} \mu_a = q.\mu_c + (1-q) \\ \varepsilon_a = \dfrac{\varepsilon_i}{1-q} \end{cases} \qquad Eq.II\text{-}8$$

où:

- q est la concentration en matière ferromagnétique dans le composite,

- μ_c est la perméabilité d'une couche ferromagnétique,

- ε_i est la permittivité des couches diélectriques.

En fonctions des caractéristiques géométriques des composites LIFT données en Annexe I, l'homogénéisation de ce matériau hétérogène est limitée à une fréquence de 10 GHz.

C. Le modèle de perméabilité des couches minces ferromagnétiques

Etant donné le caractère amorphe des couches induit par la technique de dépôt et l'orientation quasi-unidirectionnelle des moments magnétiques dans le film ferromagnétique, un modèle de perméabilité où seul le phénomène gyromagnétique est pris en compte peut être utilisé. Le modèle de perméabilité utilisé dans la suite de ce travail est celui retenu par le CEA. Il s'agit du modèle analytique de Bloch-Bloembergen [97].

Pour une polarisation optimale avec le champ magnétique hyperfréquence parallèle aux moments magnétiques, la perméabilité hyperfréquence de la couche ferromagnétique (μ_c) s'écrit :

$$\mu_c = 1 - j.0 \qquad\qquad\text{Eq.II- 9}$$

Dans l'autre configuration où les composantes magnétiques sont orthogonales à la direction de facile aimantation, la perméabilité de la couche ferromagnétique (μ_c) s'écrit :

$$\mu_c = 1 + \frac{4\pi M_S}{H_{eff}} \cdot \left(1 - \left(\frac{\Delta F}{2F*} \right)^2 \right) \cdot \frac{1}{1 - \left(\frac{F}{F*} \right)^2 + j \cdot \frac{\Delta F}{F*} \cdot \frac{F}{F*}} \qquad\qquad\text{Eq.II- 10}$$

où:

$$F*^2 = F_0^2 + \left(\frac{\Delta F}{2} \right)^2 \qquad\qquad\text{Eq.II- 11}$$

$$F_0^2 = \gamma^2 . \left(4\pi M_S + H_{eff} \right) H_{eff}$$

et

$$H_{eff} = \frac{q.4\pi M_S}{\mu(F=0)-1} \left(1 - \left(\frac{\Delta F}{2.F*} \right)^2 \right) \qquad\qquad\text{Eq.II- 12}$$

ΔF est le paramètre d'amortissement, H_{an} est le champ d'anisotropie, H_0 est le champ extérieur et H_d est le champ démagnétisant. L'expression du champ effectif H_{eff} prend en compte une correction dûe à la présence de films conducteurs dans le composite.

D. Propagation des ondes hyperfréquences dans les empilements diélectriques / ferromagnétiques

Cette étude s'est portée sur l'interaction entre les champs hyperfréquences d'une onde et les paramètres de dispersion du composite, en particulier les pertes. Le but de cette analyse est la détermination, de manière théorique, de la meilleure configuration géométrique, physique et chimique du matériau multicouche afin de les intégrer dans des fonctions micro-ondes.

L'analyse électromagnétique de l'interaction entre les champs micro-ondes et le composite lamellaire est développée par R.E. Camley [80].

a - Analyse théorique

Afin de déterminer les propriétés de dispersion du composite lamellaire, l'étude se porte tout d'abord sur la dispersion d'un motif composé d'un film diélectrique (épaisseur 'D', permittivité relative ε_r) et de deux couches ferromagnétiques (épaisseur 'd') déposées sur les deux faces du film diélectrique (Figure II. 23). Ensuite, cette étude se généralise à un empilement du motif précédent (Figure II. 24). Un champ magnétique extérieur est appliqué parallèlement aux plans des couches ferromagnétiques.

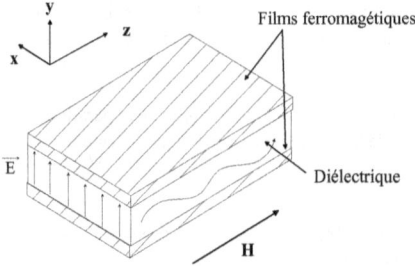

Figure II. 23 :Diélectrique entre deux couches
ferromagnétiques

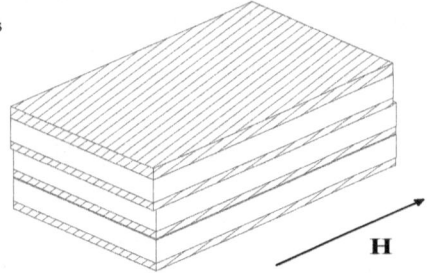

Figure II. 24 : Empilement de couches ferromagnétiques
séparées d'une épaisseur de diélectrique

L'onde hyperfréquence se propage parallèlement à la direction Oz, dans la même direction que le champ magnétique statique appliqué. Toutes les quantités considérées par la suite présentent une variation spatiale en exp(ikz) où k est le vecteur d'onde dans le milieu. Les parties réelle et imaginaire de cette quantité sont déterminées à partir d'une relation de dispersion implicite, fonction des paramètres électromagnétiques et géométriques de la structure.

L'analyse de cette structure de propagation est réalisée à partir des équations de Maxwell. Dans le diélectrique, un mode transverse électrique (TE) est propagé car la distance séparant les deux couches ferromagnétiques est inférieure à la demi-longueur d'onde guidée aux fréquences considérées.

Les champs hyperfréquences sont déterminés dans les films ferromagnétiques en appliquant les conditions de continuités aux différentes interfaces. Le mode propagé dans le milieu magnétique n'est ni purement TE, ni purement TM (transverse magnétique) mais une combinaison des deux en raison du caractère tensoriel de la perméabilité.

Après avoir réalisé ce travail pour le motif, la même procédure est employée pour les composites multicouches. La recherche de l'expression des amplitudes des champs aboutit à une équation implicite. La résolution de cette équation par une procédure numérique (dichotomie dans le plan complexe) mène aux caractéristiques de dispersion du composite.

b - Caractéristiques de dispersion des composites lamellaires ferromagnétiques

Les simulations de la dispersion du composite lamellaire ont été réalisées en prenant un tenseur de perméabilité diagonal. Dans le cas de composites lamellaires ferromagnétique de type LIFT, les termes extra-diagonaux du tenseur de perméabilité peuvent être négligés. En effet, une méthode de caractérisation hyperfréquence développée au laboratoire [98]-[99] n'a pas permis la détermination de ces composantes (Figure II. 25). La perméabilité du matériau peut être représentée par un scalaire. Le modèle de Bloch-Bloembergen est utilisé pour représenter la perméabilité des couches ferromagnétiques.

R.E. Camley a démontré que la présence d'effets non-réciproques dans les composites lamellaires, et donc des composantes extra-diagonales du tenseur de perméabilité, était due à une compétition entre les énergies intra- et inter-couches [82].

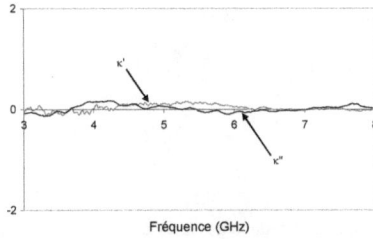

Figure II. 25 : Mesure du terme extradiagonal du composite LIFT

Les simulations sont réalisées à partir d'un gabarit de matériau existant dont les caractéristiques sont données en Annexe I. La figure, ci-dessous, montre la partie imaginaire du vecteur d'onde en fonction de la fréquence :

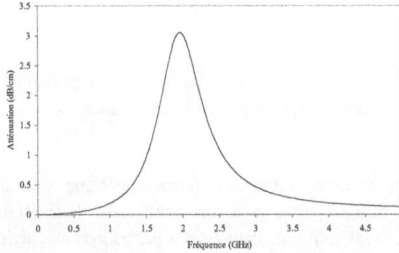

Figure II. 26 : Atténuation en fonction de la fréquence du mode propagé dans l'empilement

Une forte absorption de l'énergie micro-onde dans l'empilement est observée à une fréquence de 1.9 GHz. Cette atténuation met en évidence le couplage entre l'onde hyperfréquence et les films ferromagnétiques. La fréquence où se produit cette forte atténuation est la fréquence gyromagnétique du composite ferromagnétique qui peut se calculer à partir de l'équation II-13 où H_0 est le champ magnétique statique appliqué, H_{an} est le champ d'anisotropie des films ferromagnétiques, q est la concentration en matière ferromagnétique dans le composite, N_x N_y, N_z sont les coefficients démagnétisants associés à la forme du composite respectivement suivant les axes Ox, Oy et Oz, et $4\pi M_S$ est l'aimantation à saturation.

$$f_r = \gamma \cdot \sqrt{\left(H_0 + H_{an} + \left(qN_x - qN_z\right)4\pi M_S\right)\left(H_0 + H_{an} + \left(1 - q\left(1 - N_y\right) - qN_z\right)4\pi M_S\right)} \qquad Eq.II\text{-}13$$

Les coefficients démagnétisants associés à la forme du composite (N_x, N_y et N_z) sont reliés à ceux associés à la couche mince (n_x, n_y et n_z)dans le composite par :

$$\begin{cases} n_x = q.N_x \\ n_z = q.N_z \end{cases} \qquad Eq.II\text{-}14$$

et puisque :

$$\begin{cases} n_x + n_y + n_z = 1 \\ N_x + N_y + N_z = 1 \end{cases}$$

Eq.II- 15

alors :

$$n_y = 1 - q.\left(1 - N_y\right)$$

Eq.II- 16

L'influence des champs démagnétisants associés à la forme du composite sur la fréquence de résonance gyromagnétique sera discutée au Chapitre IV.

Cependant, trois aspects dans le diagramme de dispersion sont importants à relever :

- La fréquence de résonance gyromagnétique à champ nul est élevée comparée à celle des ferrites traditionnelles,

- l'atténuation en dehors de la bande de résonance est élevée : 0.1 dB/cm à 0.8 GHz et 0.19 dB/cm à 4 GHz,

- à la résonance, la largeur de bande à mi-hauteur est importante : 730 MHz. La largeur de bande à mi-hauteur est caractéristique des couplages intervenant au sein du composite : couplage spin-spin, onde-spin, spin-réseau...

Les performances du matériau lamellaire ferromagnétique sont à optimiser pour pouvoir concevoir des dispositifs à faibles pertes et à fort coefficient de qualité. En effet, ce dernier est inversement proportionnel à la largeur à mi-hauteur des pertes gyromagnétiques. Il est donc important de réduire cette largeur à mi-hauteur.

Pour cela, une optimisation des propriétés du composite a été réalisée en modifiant de manière théorique certains paramètres géométriques ou constitutifs.

c - Optimisation des propriétés hyperfréquences du composite lamellaire

Pour réaliser cette étude, nous nous sommes basés sur les épaisseurs des couches ferromagnétiques et diélectriques, sur la permittivité de la couche diélectrique ainsi que sur la résistivité (ou conductivité) de la couche ferromagnétique. Toutes les simulations sont réalisées à champ extérieur nul.

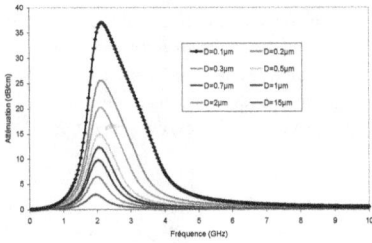

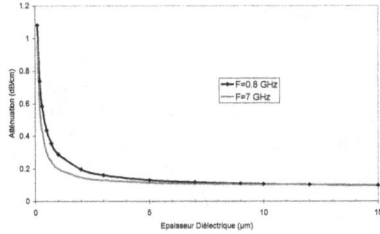

Figure II. 27 : Evolution de l'atténuation en fonction de la fréquence pour différentes épaisseurs de la couche diélectrique tout en gardant une concentration en matière ferromagnétique constante (2.51%)

Figure II. 28 : Evolution de l'atténuation en fonction de l'épaisseur du diélectrique aux fréquences 0.8 GHz et 7 GHz avec une concentration constante en matière ferromagnétique dans l'empilement (2.51%)

Les figures précédentes montrent le résultat des simulations réalisées pour une variation simultanée des épaisseurs des couches diélectriques et des couches ferromagnétiques afin de garder une concentration en matière ferromagnétique constante dans l'empilement. Une diminution de l'atténuation est observée pour un accroissement de l'épaisseur de la couche diélectrique (Figure II. 27). La Figure II. 28 montre qu'il existe une épaisseur de diélectrique pour laquelle l'atténuation hors de la zone des pertes gyromagnétiques dépend faiblement des caractéristiques géométriques de l'empilement. Cette variation du nombre d'onde est fortement dépendante de l'épaisseur de peau par rapport à l'épaisseur de la couche ferromagnétique. La solution apportée par R.E. Camley pour réduire l'atténuation hors de la zone de pertes gyromagnétiques est de recouvrir les films ferromagnétiques avec une couche épaisse (100 µm) d'Argent.

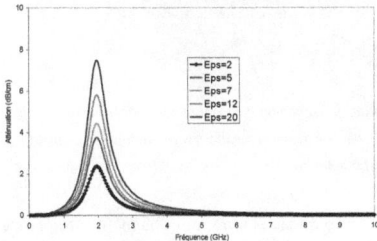

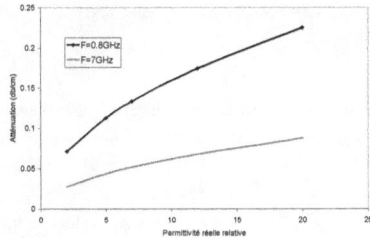

Figure II. 29 : Variation de l'atténuation en fonction de la fréquence pour différentes permittivités du film diélectrique

Figure II. 30 : Variation de l'atténuation aux fréquences 0.8 GHz et 7 GHz en fonction de la permittivité des films diélectriques

Les figures ci-dessus montrent l'évolution de la partie imaginaire du vecteur d'onde en fonction de la permittivité de la couche diélectrique. Les simulations ont été réalisées avec des diélectriques sans pertes. L'augmentation de la permittivité de la couche diélectrique a pour effet d'accroître le niveau d'atténuation (Figure II. 29). De même, à des fréquences fixes, l'atténuation est accrue avec l'augmentation de la permittivité. Cela est du au fait que le vecteur d'onde est proportionnel à la permittivité [77] :

$$k \approx k_0 . \sqrt{\varepsilon} \sqrt{\mu}$$

Eq.II- 17

où k_0 est le vecteur d'onde dans le vide.

Le niveau de pertes à 0.8 GHz est toujours supérieur à celui obtenu à 7 GHz (Figure II. 30). Ceci est du au fait que nous travaillons à une fréquence inférieure à la fréquence de résonance gyromagnétique (F= 0.8 GHz) et donc avec un niveau de perméabilité hyperfréquence élevé. Lorsque nous examinons les pertes à une fréquence de 7 GHz, la perméabilité est proche de l'unité.

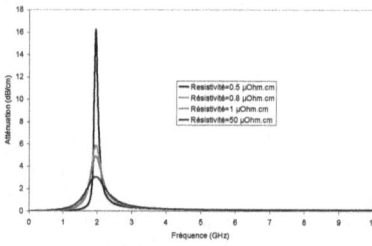

Figure II. 31 :Evolution en fréquence de l'atténuation de l'onde dans le composite pour différentes valeurs de résistivité des films ferromagnétiques

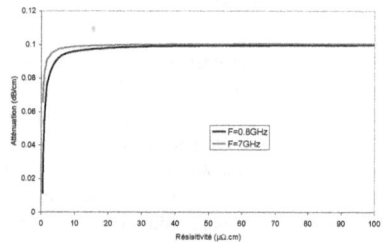

Figure II. 32 : Evolution de l'atténuation aux fréquences 0.8 GHz et 7 GHz pour différentes valeurs de résistivité des couches ferromagnétiques

Les simulations montrent que la résistivité, ou la conductivité, des films ferromagnétiques ont une grande influence sur la dispersion du composite lamellaire ferromagnétique. En effet, le facteur de qualité du matériau est augmenté lorsque la conductivité de la couche est augmentée (

Figure II. 31). Les pertes sont alors réduites pour les fréquences hors de la bande de fréquence de pertes gyromagnétiques (Figure II. 32). L'augmentation de la conductivité conduit à une réduction de l'effet de peau et donc à des pertes plus faibles.

De par ces simulations, nous pouvons imaginer une amélioration des performances du composite lamellaire. Les couches ferromagnétiques devraient avoir une épaisseur plus faible et présenter une conductivité plus élevée. Peut-être serait-il envisageable de déposer une couche d'argent sur les films ferromagnétiques pour limiter les pertes d'insertion comme suggéré par R.E. Camley. Les couches diélectriques devraient, quant à elles, être caractérisées par une permittivité plus élevée. L'épaisseur de cette couche devrait aussi être plus faible de manière à garder une concentration élevée en matière ferromagnétique dans le composite et donc avoir une fréquence de résonance gyromagnétique intervenant à des fréquences plus élevées que pour les ferrites.

VI. CONCLUSION DU CHAPITRE II

Dans ce chapitre, les principales propriétés statiques et dynamiques des matériaux magnétiques utilisés pour des applications hyperfréquences ont été rappelées. L'utilisation de ces milieux dans les systèmes hyperfréquences est principalement limitée par la forte intensité du champ magnétique extérieur. Le dispositif de commande requiert alors de forts courants. L'espace occupé par le dispositif de commande est important ce qui rend la miniaturisation des systèmes difficile.

Les composites ferromagnétiques lamellaires peuvent apporter un certain nombre de solutions dans le but d'améliorer les performances des dispositifs micro-ondes magnétiques actuels. Ces matériaux sont composés d'une alternance de films ferromagnétiques et de films diélectriques. Pour une illumination du composite sur la tranche par une onde hyperfréquence polarisée avec le champ électrique perpendiculaire aux plans des couches métalliques et avec le champ magnétique dans le plan de ces couches, ces matériaux associent la forte aimantation à saturation des matériaux ferromagnétiques au caractère isolant des diélectriques. Le comportement hyperfréquence dispersif et dissipatif du composite peut être représenté par l'association du modèle gyromagnétique de Bloch-Bloembergen avec la loi de mélange de Wiener.

Une modélisation électromagnétique du composite basée sur une approximation d'un unique mode propagé dans le matériau a permis de quantifier l'effet de chaque élément caractéristique sur la propagation de l'onde. A partir de ces simulations, nous avons extrait quelques points importants à améliorer pour optimiser les performances du matériau comme les épaisseurs des différentes couches ou la conductivité des couches ferromagnétiques... Cependant, une analyse plus complète prenant en compte les différents modes propagés et les interactions d'échange entre les couches devrait être développée afin d'avoir une représentation plus fine du matériau utilisé. Des simulations micromagnétiques devraient alors être utilisées. Cela permettrait de prendre en compte le caractère local de la perméabilité dans la couche (contrainte anisotrope, champs démagnétisants...)

Dans la suite de ce travail, le composite ferromagnétique lamellaire sera représenté comme un matériau homogène de permittivité et de perméabilité apparentes obtenues par l'homogénéisation. Cependant, avant d'intégrer le composite dans une structure de propagation afin de réaliser des fonctions hyperfréquences, il est nécessaire de mesurer les propriétés électromagnétiques du composite ferromagnétique en situation d'utilisation.

CHAPITRE III:
CARACTERISATION HYPERFREQUENCE DES COMPOSITES FERROMAGNETIQUES LAMELLAIRES

Chapitre III: CARACTERISATION HYPERFREQUENCE DES COMPOSITES FERROMAGNETIQUES LAMELLAIRES

Les propriétés électromagnétiques (permittivité et perméabilité) des matériaux sont des éléments essentiels à la modélisation et au dimensionnement de dispositifs hyperfréquences en technologie plaquée. Pour déterminer ces paramètres, des méthodes de caractérisation micro-ondes adaptées à la nature ainsi qu'à la géométrie du matériau doivent être mises au point dans les gammes de fréquences appropriées.

De nombreuses techniques de mesure des constantes hyperfréquences des matériaux existent. Les méthodes en espace libre sont destinées à la mesure des propriétés d'un échantillon sous forme de plaque aux fréquences millimétriques [100]. Cependant, l'environnement de la mesure est difficile à maîtriser en raison de la taille importante des objets et de la faible longueur d'onde. Les techniques résonantes (cavités, stubs,...) permettent une détermination précise des paramètres du matériau à une fréquence fixe [101],[102]. Toutefois, elles ne sont pas adaptées aux matériaux fortement dispersifs. Les méthodes en structures guidées peuvent être classées en deux catégories : celles dont le mode fondamental est à fréquence de coupure non-nulle (guides,...), et celles dont la fréquence de coupure est nulle (lignes de transmission,...). Ces dispositifs en réflexion-transmission permettent la détermination simultanée de la permittivité et de la perméabilité de l'échantillon sous test par l'intermédiaire d'une analyse électromagnétique plus ou moins complexe. Cependant, ces valeurs mesurées dépendent de la forme de l'échantillon (plaquette, disque, tore,...) et de la polarisation de l'onde arrivant sur le matériau. En effet, la mesure de la perméabilité d'un échantillon magnétique sous forme de plaquette dans un guide rectangulaire diffère de celle réalisée pour un échantillon torique du même matériau en ligne coaxiale. La raison de cette différence est due aux champs démagnétisants engendrés par le flux hyperfréquence entrant et sortant de l'échantillon sous test car les modes propagés dans les différentes structures illuminent le matériau de manière différente.

L'utilisation des composites ferromagnétiques lamellaires (ou des couches minces ferromagnétiques) en hyperfréquence requiert, donc, la caractérisation électromagnétique de ces matériaux. La difficulté rencontrée lors de la phase expérimentale est le caractère métallique des couches ferromagnétiques. Leurs géométries, dépôt sur un substrat isolant ou empilement de ce motif, imposent de polariser le matériau sur la tranche avec le champ électrique orthogonal aux plans des couches métalliques. En effet, lorsque l'échantillon présente un caractère conducteur parallèlement au plan de polarisation, l'onde est réfléchie et absorbée (courants induits). Dans ce cas, l'exploitation des paramètres de répartition du dispositif où le matériau est inséré ne permettent pas la détermination ni de la permittivité ni de la perméabilité.

Ce chapitre a pour objet la mesure des propriétés hyperfréquences de plaquettes de composites ferromagnétiques lamellaires. Le dispositif de mesure doit respecter les conditions de polarisation induites par la géométrie du matériau et doit aussi reproduire l'environnement électromagnétique d'une ligne microruban ; structure de propagation dans laquelle le composite sera, par la suite, inséré afin de réaliser des fonctions micro-ondes agiles sous champ magnétique extérieur.

Dans un premier temps, un état de l'art des dispositifs de mesure existant permettant de caractériser des couches minces ferromagnétiques ou des composites ferromagnétiques lamellaires sera réalisé. Dans cette partie figureront les différents dispositifs étant à l'origine de la cellule de mesure développée. Ensuite, la méthode de caractérisation hyperfréquence en cellule triplaque mise au point au laboratoire sera décrite. Les différents paramètres géométriques ainsi que leurs influences sur la mesure seront analysés. L'approche quasi-statique employée pour l'analyse électromagnétique de la structure de propagation en présence d'un échantillon sous test sera reportée. Finalement, cette méthode de mesure sera validée expérimentalement par la caractérisation de matériaux de différentes natures.

I. ETAT DE L'ART DE LA MESURE DE LA PERMEABILITE DES COUCHES MINCES OU DES COMPOSITES LAMELLAIRES FERROMAGNETIQUES

1 LA METHODE PAR PERTURBATION DE SPIRE

La technique en monospire microruban est une méthode simple pour la mesure de la perméabilité hyperfréquence de couches ferromagnétiques isotropes [103]-[105]. Le principe de la caractérisation de la susceptibilité magnétique complexe des films est basé sur la variation du flux magnétique à l'intérieur d'une bobine : c'est la méthode du transformateur.

Le dispositif de test est formé d'un ruban de cuivre court-circuité sur le plan de masse pour former une spire (Figure III. 1). Aux fréquences micro-ondes, la spire microruban peut être assimilée à une bobine. La représentation en éléments localisés de la boucle de mesure limite la bande de fréquence de cette technique en réflexion à 8 GHz.

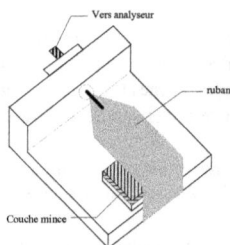

Figure III. 1 : Monospire microruban

La méthode de perturbation de spire est reconnue comme étant efficace et rapide pour des couches minces ferromagnétiques présentes dans le dispositif de test sous forme de plaquettes. Cependant, elle présente les limitations majeures suivantes :

– la spire doit être étalonnée par un échantillon de perméabilité connue. Or, il n'existe pas de matériau magnétique étalon,

– la méthode n'est pas adaptée à la caractérisation des matériaux multicouches en raison du calcul qui ne prend en compte que l'épaisseur d'une seule couche ferromagnétique. Les interactions inter-couches qui interviennent pour décrire le comportement hyperfréquence du matériau ne sont pas prises en compte.

2 LA METHODE PAR PERTURBATION DE LA LIGNE COAXIALE

Cette méthode est une transposition de la méthode par perturbation de spire en géométrie microruban à la géométrie de la ligne coaxiale. Dans ce cas, le film mince est placé sur un support circulaire et est centré sur le conducteur chaud de la ligne coaxiale [106]. L'analyse électromagnétique classique [107]-[109] de la ligne coaxiale est utilisée pour déterminer la perméabilité effective du matériau à mesurer. Tout se passe comme si un échantillon de même longueur que le film et de perméabilité relative effective (μ_{reff}) remplissait entièrement la section transverse de la ligne coaxiale. Pour déduire de manière simple la perméabilité intrinsèque de la couche mince magnétique, une relation de magnétostatique est inversée.

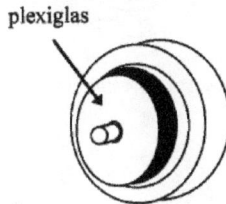

plexiglas

Figure III. 2 : Enroulement d'un film ferromagnétique sur un support diélectrique centré sur l'âme centrale de la cellule coaxiale

Cependant, cette méthode de mesure présente les inconvénients suivants :

– Pour la même raison que précédemment, cette méthode n'est pas adaptée à la mesure de la perméabilité des composites ferromagnétiques lamellaires car l'analyse électromagnétique ne s'applique qu'à une seule couche,

– les champs démagnétisants mis en jeu avec ce type de cellule sont différents de ceux présents dans les circuits car la géométrie et la polarisation du matériau sont différentes.

3 *LA METHODE EN TORE BOBINE*

La méthode en tore bobiné consiste à la caractérisation d'un enroulement de films souples ferromagnétiques de faible épaisseur et de résine. Cette technique, en réflexion – transmission dans la ligne coaxiale permet, par l'analyse électromagnétique conventionnelle de la ligne coaxiale, la détermination de la permittivité et de la perméabilité effective de l'échantillon [110]. Pour remonter à la perméabilité intrinsèque du film ferromagnétique à partir des mesures effectives, une loi de mélange est appliquée.

Cependant, une grande attention doit être portée à la confection du tore bobiné. En effet, la progression de l'épaisseur des tours devrait être logarithmique afin de respecter la répartition de l'énergie micro-onde dans la cellule de mesure. Par ailleurs, la courbure du film ferromagnétique, en particulier près de l'âme centrale, implique d'une part l'utilisation de films mécaniquement souples et d'autre part la prise en compte des contraintes d'origine magnétoélastique. En effet, ces efforts influent sur la perméabilité et la fréquence de résonance gyromagnétique.

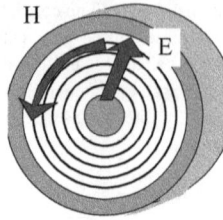

Figure III. 3 :Orientation des champs hyperfréquences dans la ligne coaxiale

4 *LA LIGNE MICRORUBAN*

La méthode de mesure consiste en l'analyse des paramètres de répartition d'un ligne microruban où un échantillon de matière à mesurer sous forme de plaquette y est déposé [111],[112] (Figure III. 4). Le substrat de la ligne microruban est constitué d'alumine. L'extraction des constantes électromagnétiques à partir des paramètres de répartition du dispositif est rendue possible par l'emploi d'une analyse électromagnétique dans le domaine spectral. Cependant, cette méthode, efficace pour la caractérisation de couches minces, présente certains inconvénients :

– l'énergie micro-onde est localisée dans le substrat entre le plan de masse et le ruban conducteur. Le matériau placé sur la ligne interagit faiblement avec le signal propagé,

– la présence du gap d'air entre le matériau mesuré et le ruban est préjudiciable à la mesure. Etant donné la difficulté à estimer la hauteur du gap d'air, la mesure des paramètres du matériau peut être erronée.

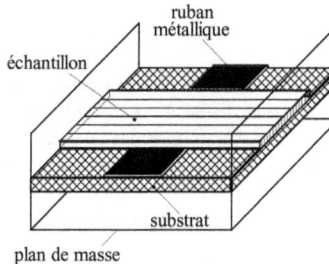

Figure III. 4 :Ligne microruban chargée d'un échantillon

5 *LA CAVITE EN STRUCTURE TRIPLAQUE*

Ce dispositif de mesure en réflexion / transmission est constitué d'un ruban conducteur placé à équidistance des plans de masse ([113]). Ces plans des masse sont reliés entre eux par des plans conducteurs aux extrémités des rubans (Figure III. 5).

Un mode Transverse ElectroMagnétique (TEM) est excité dans la cavité. La longueur de la structure de propagation fixe la fréquence de résonance à laquelle les mesures sont réalisées. Cette cellule de mesure permet une détermination multifréquentielle de la permittivité complexe ou de la perméabilité complexe des matériaux sous test. Le choix de la grandeur mesurée dépend de la position de l'échantillon dans la structure. Les échantillons se présentent sous forme de plaquettes qui remplissent entièrement l'espace entre le plan de masse et le ruban.

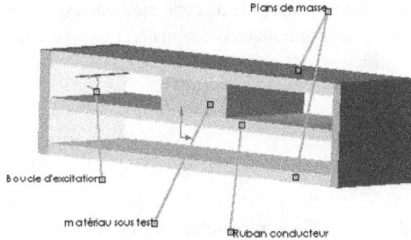

Figure III. 5 : Cavité triplaque chargée d'un échantillon pour une mesure de la permittivité diélectrique

6 LA MÉTHODE EN LIGNE TRIPLAQUE

Cette méthode de mesure permet la détermination de la permittivité et de la perméabilité de matériaux isolants [114]. Pour cela, un échantillon doit remplir entièrement la structure transverse de la ligne triplaque. L'analyse électromagnétique utilisée est la même que pour la cellule coaxiale.

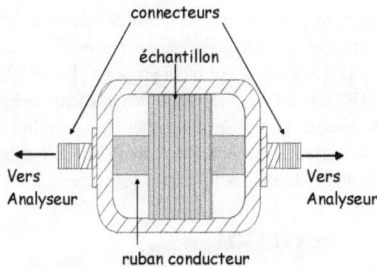

Figure III. 6: Vue de dessus de la ligne triplaque chargée d'un échantillon

Le principal inconvénient de cette méthode de mesure est lié au fait que l'échantillon doit remplir entièrement la section transverse de la ligne. Dans ce cas, la configuration électromagnétique des dispositifs microrubans n'est pas reproduite.

Parmi les dispositifs de caractérisation hyperfréquence existant, aucun ne convient réellement à la détermination de la permittivité et de la perméabilité des composites ferromagnétiques lamellaires avec une configuration électromagnétique d'une ligne microruban. Une nouvelle cellule de mesure a dûe être conçue. La structure de propagation étudiée est principalement basée sur la méthode en ligne microruban avec substrat d'alumine et sur la méthode en ligne triplaque.

II. LA METHODE DE MESURE EN LIGNE TRIPLAQUE ASYMETRIQUE

La cellule de mesure permet une mesure large – bande de la permittivité et de la perméabilité de matériaux sous forme de plaquettes. L'originalité de cette méthode est la caractérisation des matériaux en situation d'utilisation ; c'est-à-dire une mesure des matériaux avec des conditions de polarisation semblables à celles des dispositifs.

1   *LE DISPOSITIF DE TEST*

A.   *Description générale*

Dans une structure de propagation microruban, la densité d'énergie électromagnétique est principalement localisée dans le substrat entre le ruban et le plan de masse. Afin de permettre une forte interaction entre le signal micro-onde et le matériau sous test, ce dernier devrait être inséré dans cet espace.

Par ailleurs, les mesures de la perméabilité et de la permittivité des matériaux pour de futures applications hyperfréquences doivent être réalisées dans des conditions semblables à celles de leur utilisation. Dans ces conditions, les différents phénomènes pouvant intervenir sur les propriétés des matériaux sont pris en compte durant la phase de modélisation des circuits : champs démagnétisants, champs dépolarisants, pertes…

Afin de prendre en compte ces différentes considérations électromagnétiques, brièvement récapitulées précédemment, et pour s'affranchir de la présence d'un substrat, une méthode de caractérisation hyperfréquence large-bande a été mise au point. La cellule de mesure utilisée est une ligne triplaque asymétrique (Figure III. 7). Il s'agit d'un ruban métallique entouré de manière dissymétrique par un plan de masse. Le ruban conducteur est terminé à chaque extrémité par des évasements afin de diminuer les effets capacitifs intervenant entre le ruban et les plans de masse en regard. Les dimensions géométriques du dispositif de test sont données dans l'Annexe II.

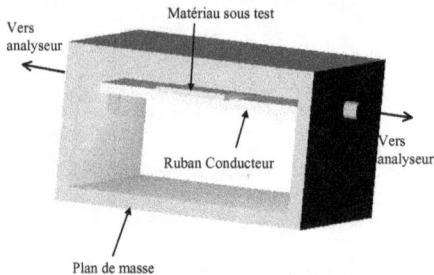

Figure III. 7 : descriptif de la ligne triplaque asymétrique

B.   *Influence de la dissymétrie sur la répartition de l'énergie électromagnétique*

Deux conducteurs isolés (le ruban et le plan de masse) constituent la structure de propagation. Un mode TEM peut alors se propager lorsque la cellule est vide de tout échantillon. Pour favoriser la concentration de l'énergie d'un côté de la cellule de mesure triplaque et ainsi se rapprocher de la configuration électromagnétique de la structure microruban, une dissymétrie est réalisée entre le ruban et les faces du plan de masse. Les simulations avec le logiciel commercial Agilent-HFSS permettent de visualiser la répartition de l'énergie micro-onde dans la cellule triplaque dissymétrique (Figure III. 8). Les résultats permettent d'illustrer les différents phénomènes suivants :

- l'énergie électromagnétique se localise principalement entre le ruban conducteur et le plan de masse le plus proche. La configuration électromagnétique de la ligne microruban est reproduite ; configuration où l'énergie micro-onde est concentrée dans le substrat,

- la largeur du ruban étant importante (W= 9mm), l'énergie est concentrée, en majorité, sous celui-ci. Les simulations montrent peu de lignes de fuites des champs sur les côtés de la cellule de propagation.

Par ailleurs, la dissymétrie de la cellule triplaque favorise l'uniformité de l'énergie hyperfréquence dans l'échantillon sous test.

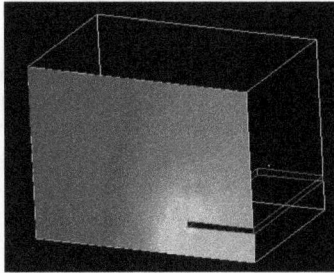

Figure III. 8 : Répartition de l'énergie micro-onde dans la demi-cellule triplaque asymétrique

La distance entre le plan de masse supérieur et le ruban conducteur a été choisie de manière à ce que le plan de masse ne joue aucun rôle sur la constante de propagation. Sa présence a un intérêt pratique lors de la phase d'expérimentation. Il permet d'éviter une perturbation extérieure de venir influencer la mesure.

C. *Influence des plans de masse latéraux*

Le dispositif de mesure a été réalisé sans plans de masse latéraux. Ces plans de masse ne sont pas nécessaires. La figure précédente montre, en effet, que l'énergie reste confinée sous le ruban. Pour quantifier cette répartition d'énergie micro-onde, des simulations de la constante de propagation à 10 GHz de la cellule triplaque ont été réalisées en utilisant la méthode de la résonance transverse (analyse dynamique, [115]). Les résultats sont présentés à la figure suivante.

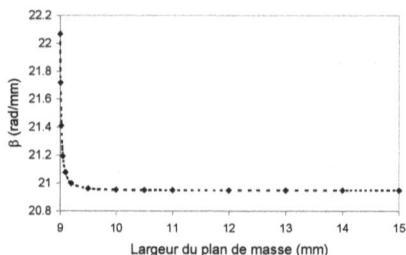

Figure III. 9 : Influence du plan de masse sur la constante de propagation à 10 GHz

L'analyse des résultats montre que lorsque l'éloignement des plans de masse est supérieur à 7 mm du centre de la cellule, une largeur de plan de masse de 14 mm, une stabilité de la constante de propagation est alors atteinte. A cette distance, les murs latéraux n'ont plus d'effet sur la propagation de l'onde hyperfréquence. Cela confirme que l'énergie est principalement confinée sous le ruban. Pour s'affranchir des fuites de champ que pourrait provoquer l'introduction d'un échantillon, la largeur du plan de masse a été choisie à 30 mm.

2 *DETERMINATION DE LA PERMITTIVITE ET DE LA PERMEABILITE*

En raison de l'hétérogénéité de la section transverse de la cellule de mesure chargée d'un échantillon, un mode TEM ne peut se propager. Les champs hyperfréquences électriques et magnétiques présentent, alors, des composantes longitudinales. Cependant aux basses fréquences, ces composantes peuvent être négligées face aux composantes transversales. Le mode propagé est supposé « quasi-TEM ».

Afin de faciliter les calculs, une méthode quasi-statique a été retenue. L'utilisation d'une telle approche pour la caractérisation hyperfréquence se justifie pour des matériaux dont les valeurs de permittivité et de perméabilité sont de quelques unités. En effet, l'écart entre l'approche quasi-statique et une approche dynamique est faible aux basses fréquences. Cette différence est fonction de la géométrie de la structure de propagation, de l'indice du matériau sous test ainsi que de ses dimensions géométriques.

La première étape de l'analyse électromagnétique consiste à homogénéiser la structure transverse (Figure III. 10). La structure de propagation est alors équivalente à une ligne de transmission où un matériau de même longueur que l'échantillon sous test et de permittivité et perméabilité effectives remplirait entièrement la structure transverse. Ensuite, et puisqu'il n'y a pas de solution analytique, une optimisation numérique est nécessaire pour déduire, à partir des paramètres de dispersion mesurés à l'analyseur, les propriétés électromagnétiques du matériau sous test.

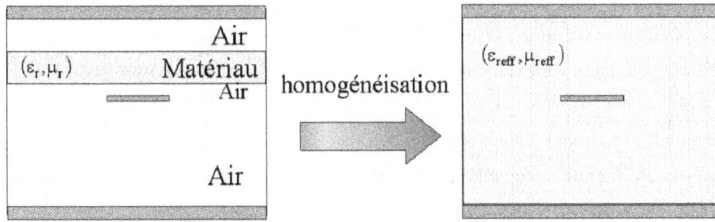

Figure III. 10: Homogénéisation de la structure transverse

A. Analyse électromagnétique de la structure de propagation

La méthode variationnelle est basée sur le découplage des interactions diélectriques et magnétiques ([116]-[120]). Cette méthode consiste à homogénéiser la structure transverse de la ligne triplaque chargée d'un échantillon. Elle repose sur l'utilisation conjointe des fonctions de Green au travers des équations de Poisson et de courant et sur la méthode de la ligne de transmission transverse. La méthode de la ligne transverse permet de prendre en compte les différentes épaisseurs de matériaux, ainsi que leurs caractéristiques intrinsèques (permittivité, perméabilité). L'identification des expressions théoriques obtenues par le biais de ces deux méthodes permet la détermination de la capacité et l'inductance par unité de longueur de la structure transverse.

La comparaison des impédances, entre une structure chargée par l'échantillon (L,C) et une structure à vide (L_0,C_0), permet d'exprimer la permittivité relative effective et la perméabilité relative effective en fonction des capacitances linéiques et des inductances linéiques :

$$\begin{cases} \varepsilon_{reff}^{th} = \dfrac{C}{C_0} \\ \mu_{reff}^{th} = \dfrac{L}{L_0} \end{cases}$$

Eq.III- 1

Le cheminement permettant d'aboutir aux expressions mathématiques ci-dessus à partir des équations de Poisson et du courant est détaillé dans l'annexe III.

B. Le problème inverse

Il s'agit d'analyser les paramètres de dispersion mesurés à l'analyseur de réseau vectoriel pour en extraire les paramètres intrinsèques du matériau (permittivité et perméabilité). Le détail du calcul des paramètres effectifs de la structure de propagation basé sur la méthode quasi-statique montre l'impossibilité de la détermination des paramètres intrinsèques du matériau d'une manière analytique en inversant les relations. Un processus d'optimisation numérique dans le plan complexe est alors nécessaire.

La mesure des constantes du matériau sous test se déroule donc en deux étapes :

-   Obtention des paramètres effectifs mesurés (ε_{reff}^{m}, μ_{reff}^{m}) de la structure de propagation à partir des paramètres S mesurés à l'analyseur de réseaux. Cette procédure permet la prise en compte des lignes d'accès menant aux plans de l'échantillon,

-   Détermination des caractéristiques électromagnétiques (ε_r, μ_r) du matériau sous test.

a - Détermination des paramètres effectifs mesurés

Dans ce paragraphe, est succinctement présentée la prise en compte des lignes d'accès par la méthode en réflexion / transmission proposée par Weir et basée sur l'idée de Nicolson et Ross ([114]). Cette procédure découlant de la théorie des lignes permet le calcul simultané de manière analytique de la perméabilité et la permittivité à partir des coefficients de transmission (S_{21}) et de réflexion (S_{11}) d'un dispositif de mesure dont la structure transverse est entièrement remplie de l'échantillon à caractériser.

Dans le cas de la cellule triplaque asymétrique, le matériau ne remplit que partiellement la structure transverse. Une homogénéisation de cette section est alors réalisée. Par la suite, elle est représentée comme occupant entièrement la structure transverse et est caractérisée par une permittivité relative effective (ε_{reff}) ainsi qu'une perméabilité relative effective(μ_{reff}) (Figure III. 11).

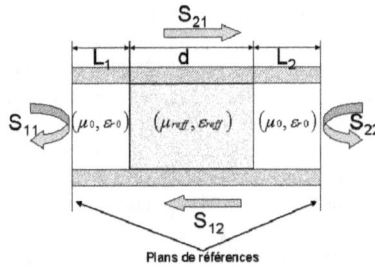

Figure III. 11: structure de propagation homogénéisée

Dans le tronçon de ligne chargée par l'échantillon, l'impédance Z est reliée aux paramètres électromagnétiques effectifs relatifs ε_{reff} et μ_{reff} de la structure homogénéisée par la relation :

$$Z = Z_0 \cdot \sqrt{\frac{\mu_{reff}}{\varepsilon_{reff}}}$$

Eq.III- 2

où Z_0 est l'impédance de la ligne sans l'échantillon.

Le coefficient de réflexion R de la structure de propagation s'écrit en fonction des impédances caractéristiques :

$$R = \frac{Z - Z_0}{Z + Z_0} = \frac{\sqrt{\frac{\mu_{reff}}{\varepsilon_{reff}}} - 1}{\sqrt{\frac{\mu_{reff}}{\varepsilon_{reff}}} + 1}$$

Eq.III- 3

Le coefficient de transmission s'écrit en fonction du vecteur d'onde k dans le milieu homogénéisé et de la longueur L de l'échantillon :

$$T = e^{-j.k.L}$$

Eq.III- 4

où le vecteur d'onde dans le milieu s'écrit en fonction de la pulsation ω et de la célérité de la lumière dans le vide ($c = 3.10^8$ m.s^{-1}) :

$$k = \frac{\omega}{c}\sqrt{\varepsilon_{reff}\,\mu_{reff}} \qquad\qquad Eq.III\text{-}5$$

La matrice des paramètres S, dans les plans de référence des connecteurs, s'exprime alors, en fonction des coefficients de réflexion et de transmission sous la forme suivante :

$$S = \begin{bmatrix} S_{11} & S_{12} \\ S_{21} & S_{22} \end{bmatrix} = \begin{bmatrix} \dfrac{R.(1-T^2)}{1-R^2.T^2}.e^{-2jk_0L_1} & \dfrac{(1-R^2)T}{1-R^2.T^2}.e^{-j.k_0.(L_1+L_2)} \\ \dfrac{(1-R^2)T}{1-R^2.T^2}.e^{-j.k_0.(L_1+L_2)} & \dfrac{R.(1-T^2)}{1-R^2.T^2}.e^{-2jk_0L_2} \end{bmatrix} \qquad Eq.III\text{-}6$$

En identifiant les paramètres S_{11} et S_{21} avec les paramètres de transmission T et de réflexion R, les équations suivantes sont obtenues :

$$\begin{cases} S_{11}.R^2 + \left(S_{21}^2 - S_{11}^2 - 1\right)R + S_{11} = 0 \\ S_{21}.T^2 - \left(S_{21}^2 - S_{11}^2 - 1\right)T + S_{21} = 0 \end{cases} \qquad Eq.III\text{-}7$$

La résolution de ces équations mène à :

$$\begin{cases} R = K \pm \sqrt{K^2 - 1} \\ K = \dfrac{S_{11}^2 - S_{21}^2 + 1}{2.S_{11}} \\ T = \dfrac{S_{11} + S_{21} - R}{1 - (S_{11}+S_{21})R} \end{cases} \qquad Eq.III\text{-}8$$

L'analogie des expressions des coefficients de réflexion (R) et de transmission (T) avec le système d'équations ci-dessus mène à l'expression des constantes électromagnétiques de la structure homogénéisée en fonction des coefficients R et T accessibles par la mesure :

$$\begin{cases} \dfrac{\mu_{reff}}{\varepsilon_{reff}} = x = \left(\dfrac{1+R}{1-R}\right)^2 \\ \mu_{reff}.\varepsilon_{reff} = y = -\left(\dfrac{c}{\omega.L}.\ln\left(\dfrac{1}{T}\right)\right)^2 \end{cases} \qquad Eq.III\text{-}9$$

D'où finalement :

$$\begin{cases} \mu_{reff}^{m} = \sqrt{x.y} \\ \varepsilon_{reff}^{m} = \sqrt{\dfrac{y}{x}} \end{cases} \qquad Eq.III\text{-}10$$

b - Détermination des paramètres intrinsèques du matériau

Une méthode d'optimisation numérique est nécessaire pour l'extraction de la permittivité et de la perméabilité intrinsèque du matériau testé. Une procédure dichotomique dans le plan complexe permet, en chaque point de fréquence, de minimiser des fonctions d'erreurs par itérations successives. Les fonctions d'erreurs sont définies comme étant le module de la différence entre la valeur effective mesurée (permittivité ou perméabilité) et la valeur effective théorique correspondante.

Eq.III- 11

$$\begin{cases} F(\mu',\mu'') = \left| \mu_{\text{reff}}^{\text{m}} - \mu_{\text{reff}}^{\text{th}} \right|^2 \\ G(\varepsilon',\varepsilon'') = \left| \varepsilon_{\text{reff}}^{\text{m}} - \varepsilon_{\text{reff}}^{\text{th}} \right|^2 \end{cases}$$

Les tracés de ces fonctions erreurs sont des paraboloïdes dont les axes de coordonnées sont les valeurs recherchées : perméabilités réelle et imaginaire d'une part et permittivités réelles et imaginaires d'autre part. une première étape consiste à s'assurer de la présence d'un minimum pour les gammes de valeurs des abscisses. Ayant déterminé les plages des abscisses, une procédure dichotomique est appliquée dans un plan de coupe de la paraboloïde ; c'est-à-dire en gardant une des variables constante. Ensuite, la constante permettant de minimiser la fonction erreur dans le plan de coupe est maintenue constante à son tour et la procédure dichotomique est appliquée à l'autre variable. Le processus de minimisation continue ainsi en passant d'une variable à l'autre jusqu'à ce que la fonction erreur soit inférieure à un certain seuil (10^{-9} par exemple). Les valeurs trouvées pour une fréquence servent d'amorce du programme pour la fréquence suivante.

C. *Limite de validité*

Afin de déterminer la gamme de fréquence d'utilisation de la méthode quasistatique, une comparaison entre cette méthode d'analyse quasistatique et une analyse dynamique a été réalisée (méthode de la résonance transverse par une approche dans le domaine spectral (SDA), [115]).

a - Cellule à vide

La comparaison de la constante de propagation du mode fondamental (Figure III. 12) déterminée par la méthode quasi-statique à celle obtenue par la méthode de la résonance transverse montre une parfaite concordance des résultats sur une large bande de fréquence.

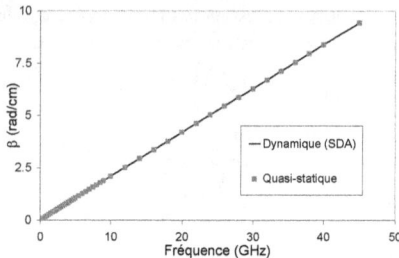

Figure III. 12: Comparaison de la constante de propagation de la cellule triplaque à vide entre la méthode quasistatique et la méthode de la résonance transverse

La limitation en fréquence de la méthode quasi-statique correspond à un écart maximum entre les constantes de propagations obtenues d'une part par la méthode quasi-statique et d'autre part par une méthode dynamique. Cet écart fixé à 5% correspond à l'incertitude sur les paramètres de répartition dûe à l'analyseur de réseau (bruit des composants électroniques, étalonnages, câbles...). Dans la littérature, Horno ([121]) donne une expression théorique de la limite d'utilisation de l'approche quasi-statique :

$$f_c = \frac{c}{2.\pi.h.\sqrt{\varepsilon_{eff}.\mu_{eff}}}$$

Eq.III- 12

où h est l'écart entre le plan de masse et le ruban conducteur.

Avec les dimensions de la cellule de mesure développée au laboratoire (Annexe II), la fréquence d'apparition du premier mode hybride est calculée à 26 GHz. Il apparaît clairement à la lecture de l'expression de la fréquence de coupure que celle-ci est fonction du paramètre géométrique h. Réduire la distance séparant le plan de masse du ruban conducteur contribuerait à augmenter le domaine de validité de l'analyse quasi-statique.

b - Cellule en charge

Des simulations permettent de comparer et de confirmer l'expression précédente de la limite de validité en fonction de la hauteur du matériau et de sa permittivité. Ici, le cas le plus défavorable est traité : l'épaisseur de l'échantillon à caractériser est égale à la hauteur entre le ruban conducteur et le plan de masse le plus proche.

Le diagramme de dispersion de la ligne triplaque asymétrique chargée de l'échantillon a été déterminé en mettant en évidence la fréquence d'apparition du premier mode supérieur indépendant des dimensions de la structure de propagation (Figure III. 13).

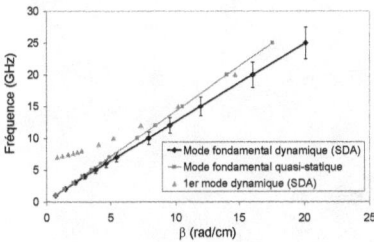

Figure III. 13: Constantes de propagation de la structure triplaque du mode fondamental et du premier mode de propagation pour un matériau de permittivité 15 et d'épaisseur 1.8 mm

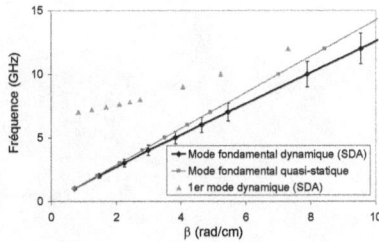

Figure III. 14: Zoom sur l'écart des constantes de propagation du mode fondamental (la tolérance marquée par les barres d'erreur est de 5%) dans la structure de propagation pour un matériau de permittivité 15 et d'épaisseur 1.8 mm

En gardant la même épaisseur d'échantillon (1.8 mm), les fréquences limites de validité de la méthode quasi-statique ont été déterminées pour différentes valeurs de permittivité. La comparaison entre les fréquences limites de validité déterminées d'une part par la méthode analytique de Horno et d'autre par en examinant l'écart entre les résultats donnés par la méthode dynamique et par la méthode quasi-statique montre une bonne concordance des résultats (Figure III. 15). Cependant, la limite analytique est légèrement plus élevée.

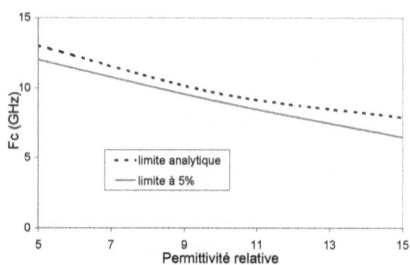

Figure III. 15: Comparaison des fréquences limites de validité de la méthode quasi-statique par l'approche analytique et par l'approche dynamique(limite à 5 %)

La limite de validité est alors fonction de l'épaisseur et de la valeur de la permittivité de l'échantillon sous test. La figure suivante (Figure III. 16) illustre la limite de validité pour un échantillon de différentes permittivités relatives et différentes épaisseurs. La limite de validité diminue en fonction de l'augmentation de l'épaisseur de l'échantillon car la permittivité effective relative de la structure de propagation augmente.

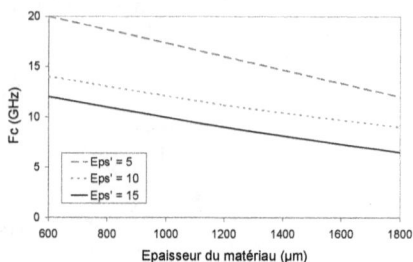

Figure III. 16: Limite de validité de la méthode quasistatique pour plusieurs diélectriques de différentes épaisseurs et de différents indices

L'utilisation de la méthode quasi-statique se justifie donc pour la caractérisation hyperfréquence de matériaux dont la permittivité et la perméabilité sont de quelques unités. En effet, pour ce type de matériaux, l'erreur réalisée entre une méthode dynamique et une méthode quasi-statique est faible sur une large bande de fréquence. Il est donc important, une fois la mesure réalisée, de déterminer le domaine de validité du résultat.

D. Sensibilité de la méthode de mesure : Influence du gap d'air

La caractérisation hyperfréquence utilisant des lignes de transmission plaquées tend à se développer en raison de la simplicité d'utilisation et de l'usinage de l'échantillon. En effet, réaliser une plaquette parallélépipédique est plus aisé que d'élaborer un tore pour l'adapter à la cellule coaxiale. Cependant, le principal inconvénient de ces méthodes est le gap d'air localisé entre le ruban conducteur et l'échantillon. Cette hauteur de gap est difficile à maîtriser et à évaluer. Cela peut influer sur le traitement de données pour la détermination de la perméabilité et de la permittivité intrinsèque du matériau.

Une étude en sensibilité de la ligne triplaque asymétrique a été réalisée en comparaison avec une ligne microruban réalisée sur substrat d'alumine. Les propriétés géométriques des deux cellules adaptées à 50 Ω sont récapitulées dans le tableau suivant :

	Cellule air	Cellule alumine
Distance plan de masse inférieur - ruban	635 µm	635 µm
Distance plan de masse supérieur - ruban	10 mm	10 mm
ε_r substrat	1	9.8
Largeur ruban	3095 µm	628 µm
ε_{reff}	1	6.51

Tab. 1 : Caractéristiques des cellules de mesure utilisées pour la simulation de la sensibilité

Le matériau sous test est placé sur le ruban. Entre le ruban et le matériau, un gap d'air (d'épaisseur h_g) est pris en compte pour représenter les conditions expérimentales. Cependant, la maîtrise de cet espace est difficile et engendre des erreurs sur le traitement des données.

a - Cas des diélectriques

Dans les deux configurations, les permittivités effectives des structures de propagation pour des matériaux de différents indices et de différentes épaisseurs ont été simulées en fonction d'une épaisseur de gap d'air entre le ruban et le matériau. Les résultats sont les suivants :

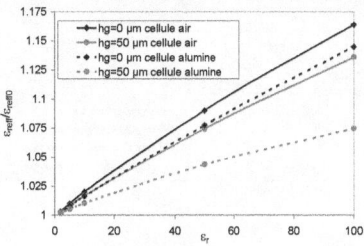

Figure III. 17: Comparaison entre les réponses de permittivités effectives des cellules pour un matériau de 10 µm d'épaisseur

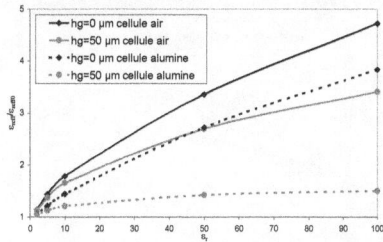

Figure III. 18: Comparaison entre les réponses de permittivités effectives des cellules pour un matériau de 1 mm d'épaisseur

Afin de pouvoir comparer les résultats, les permittivités relatives effectives sont normalisées par la permittivité relative effective de la ligne microruban sans matériau à caractériser (ε_{reff0}). Les simulations réalisées montrent l'influence du gap d'air situé entre l'échantillon et le ruban conducteur. Cette épaisseur, non contrôlée lors de la mesure, induit de fortes erreurs sur la détermination de la permittivité pour la structure de propagation microruban réalisée sur un substrat d'alumine. Le tableau suivant illustre la comparaison de l'influence du gap d'air entre les deux cellules de mesure. La comparaison se fait par rapport à la variation de la permittivité effective de la structure $(\Delta\varepsilon_{reff})$ définie comme suit :

$$\Delta\varepsilon_{reff} = \varepsilon_{reff}\left(h_g = 0\mu m\right) - \varepsilon_{reff}\left(h_g = 50\mu m\right)$$

Eq.III- 13

Epaisseur de matériau	10 µm	1 mm
	$\Delta\varepsilon_{reff}/\varepsilon_{reff0}$	$\Delta\varepsilon_{reff}/\varepsilon_{reff0}$
Substrat alumine	0.42	14.973
Substrat air	0.02	1.3

Tab. 2 : Comparaison pour $\varepsilon_r=100$ de la différence des valeurs effectives relatives.

Quelle que soit la quantité de matière insérée dans la structure de propagation, la mesure en ligne dans l'air est moins sensible au gap d'air que celle réalisée avec la ligne sur substrat alumine. L'origine de ces différence se trouve dans la répartition de l'énergie micro-onde électrique dans la structure microruban. L'énergie est principalement localisée dans le substrat diélectrique pour la ligne sur alumine alors qu'elle est mieux répartie dans le cas de la ligne dans l'air. Lorsqu'un substrat est présent, moins d'énergie micro-onde pénètre dans le matériau à caractériser.

b - Cas des matériaux magnétiques

La même procédure que précédemment a été utilisée pour quantifier l'influence du gap d'air sur les mesures de perméabilité.

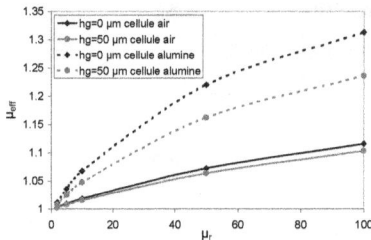

Figure III. 19 :Comparaison entre les réponses de perméabilités effectives des cellules pour un matériau de 10 µm d'épaisseur

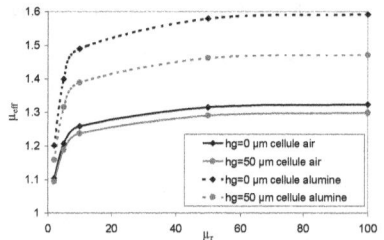

Figure III. 20: Comparaison entre les réponses de perméabilité effectives des cellules pour un matériau de 1 mm d'épaisseur

L'influence du gap d'air sur la détermination de la perméabilité est beaucoup moins importante que sur celle de la permittivité. La variation de la perméabilité effective de la structure $(\Delta\mu_{reff})$ est faible en fonction de la quantité de matière insérée dans le dispositif de propagation. La différence entre les deux structures est due à la largeur du ruban conducteur. En effet, la largeur du ruban dans le cas de la ligne dans l'air permet d'éclairer une quantité de matière magnétique plus importante que dans le cas de la ligne microruban sur substrat d'alumine.

Epaisseur de matériau	10 μm	1 mm
	$\Delta\mu_{reff}/\mu_{reff0}$	$\Delta\mu_{reff}/\mu_{reff0}$
Substrat alumine	0.09	0.11
Substrat air	0.01	0.02

Tab. 3 : Comparaison pour $\mu_r=100$ de la différence des valeurs effectives relatives.

Où la variation de la perméabilité est définie comme suit :

$$\Delta\mu_{reff} = \mu_{reff}\left(h_g = 0\mu m\right) - \mu_{reff}\left(h_g = 50\mu m\right)$$

Eq.III- 14

La comparaison de deux cellules de mesure équivalentes montre que la structure de propagation en ligne triplaque asymétrique présente une sensibilité au gap d'air qui est moins importante que pour la ligne microruban sur alumine.

III. APPLICATION DE LA METHODE A LA MESURE DES MATERIAUX

1 VALIDATION DE LA METHODE UTILISEE

Afin de valider cette approche quasi-statique, des mesures de matériaux dont les caractéristiques sont connues ont été réalisées.

A. Méthode d'étalonnage

Le dispositif de mesure ainsi présenté ne permet pas la réalisation d'une procédure d'étalonnage LRL (Line, Reflect, Line) pour éliminer les erreurs de mesure inhérentes aux connecteurs, aux câbles, et à l'électronique de l'analyseur de réseau vectoriel. Un étalonnage SOLT (Short, Open, Load, Through) amélioré a été réalisé. En effet lors de la mesure en transmission de l'étalonnage, la cellule est connectée entre les deux câbles. Cela provoque un décalage des plans de référence entre les paramètres de réflexion et les paramètres de transmission. Ce décalage est pris en compte dans le traitement des données par une correction en phase des différents paramètres de répartition.

B. Mesure à vide

Afin de valider notre démarche d'étalonnage et d'analyse électromagnétique, une mesure à vide est réalisée.

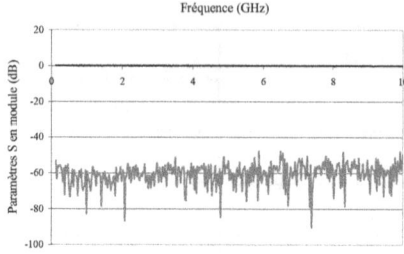

Figure III. 21: paramètres de répartition de la cellule à vide

Après étalonnage, la cellule à vide a été mesurée. Le niveau de réflexion du dispositif est aux alentours de – 60 dB sur toute la gamme de fréquence. Le niveau de transmission oscille entre - 0.001 dB et +0.001 dB. Cependant, la mesure est bruitée. Ce bruit sera retrouvé dans les mesures par la suite car le traitement des fichiers de mesure se fait en référence à la mesure à vide.

Le traitement de ces mesures donne les résultats suivants:

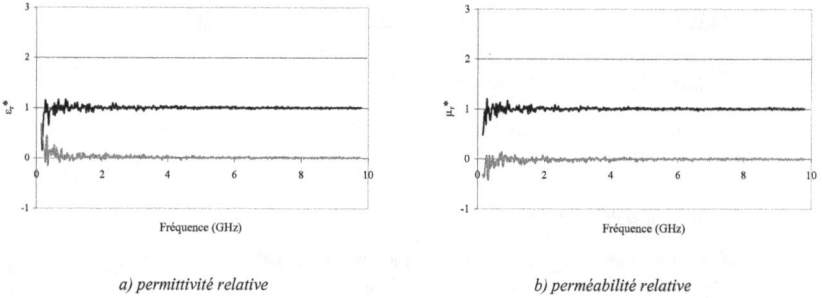

a) permittivité relative

b) perméabilité relative

Figure III. 22: Mesure de la permittivité relative et de la perméabilité relative de l'air

Les mesures montrent que la correction en phase est bien réalisée. Dans le cas contraire, une augmentation des pertes en fonction de la fréquence aurait été constatée. Appliquons cette méthode de mesure à des matériaux diélectriques.

C. *Cas des diélectriques*

Un échantillon de 2 mm de long, de 25 mm de large et de 1.85 mm de hauteur est inséré dans la cellule triplaque. L'épaisseur de l'échantillon est telle qu'il remplit entièrement l'espace entre le plan de masse et le ruban. Les mesures sont réalisées jusque 3 GHz, fréquence limite d'utilisation de l'analyseur Agilent-8753ES.

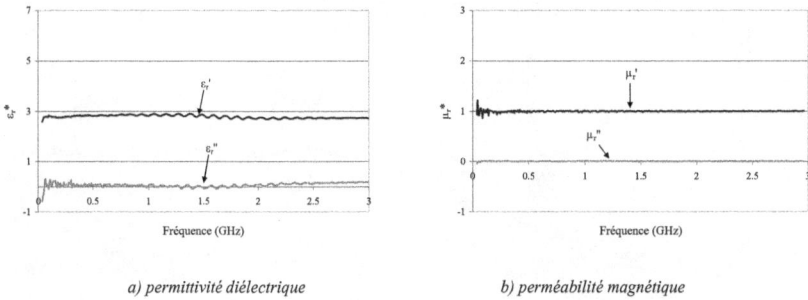

a) permittivité diélectrique   *b) perméabilité magnétique*

Figure III. 23: Constantes diélectrique et magnétique d'un échantillon de PVC d'épaisseur 1.85 mm

Les mesures montrent des niveaux de permittivité et de perméabilité conformes à la caractérisation d'un PVC dans la bande de fréquence exploitée, le matériau n'est pas dispersif. Ces résultats ont été confirmés par des mesures en cavité cylindrique.

Un échantillon de diélectrique (alumine) de 8 mm de long, d'épaisseur 635 µm et de largeur 24 mm a été inséré dans la cellule de mesure. Afin d'accroître la sensibilité de la cellule de mesure, le matériau est placé sur le ruban conducteur. Le traitement des paramètres de dispersion du dispositif a donné les résultats suivants:

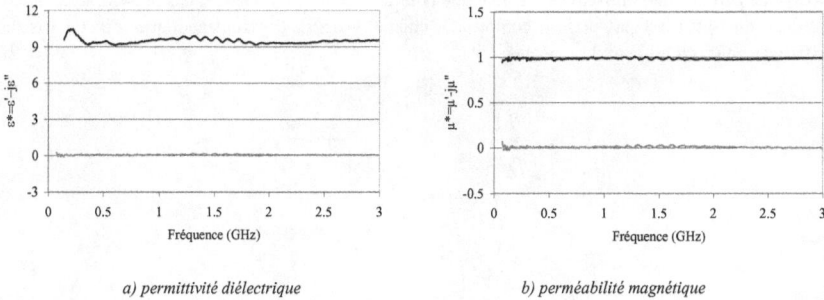

a) permittivité diélectrique   *b) perméabilité magnétique*

Figure III. 24: Constantes diélectrique et magnétique d'un échantillon d'alumine d'épaisseur 0.635 mm

Les constantes électromagnétiques sont constantes sur la bande de fréquence. La permittivité est proche de 9.8 et la perméabilité magnétique relative égale à l'unité.

D. *Cas des composites ferromagnétiques lamellaires*

Un échantillon de LIFT a été introduit dans la cellule triplaque (8 mm de long, 12 mm de large, 0.508 mm d'épaisseur) et caractérisé. L'échantillon est posé sur le ruban. La couche en contact avec le ruban est une couche diélectrique.

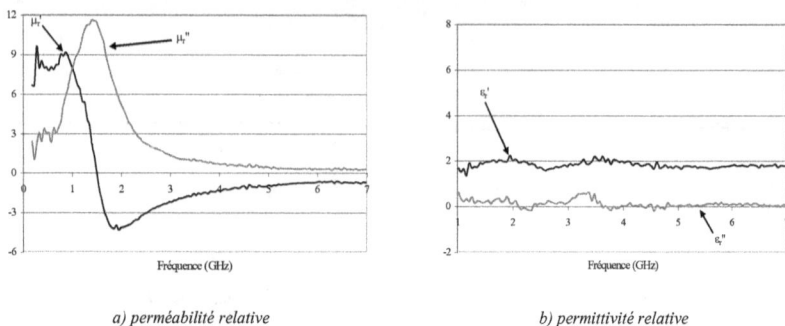

a) perméabilité relative   b) permittivité relative

Figure III. 25: perméabilité et permittivité relatives d'un composite LIFT d'épaisseur 0.508

Le niveau de permittivité électrique est conforme à celle prédite par la théorie de Wiener. Le spectre de perméabilité présente une absorption gyromagnétique à la fréquence de 1.6 GHz. Afin de valider le spectre de la perméabilité du composite ferromagnétique lamellaire obtenu en mesure, une comparaison entre la mesure et le modèle gyromagnétique de Bloch-Bloembergen a été réalisée (Figure III. 26). Les données fournies par le CEA sont intégrées dans le modèle pour réaliser la comparaison. Cette comparaison montre une concordance des spectres avec cependant quelques différences qui apparaissent après la relaxation gyromagnétique. Cela peut être dû au fait que le modèle de perméabilité utilisé n'est valable que pour un monocristal. Dans le cas présent, le caractère amorphe du film n'est pas pris en compte. De même, le modèle gyromagnétique n'inclut pas les différentes interactions entre les couches.

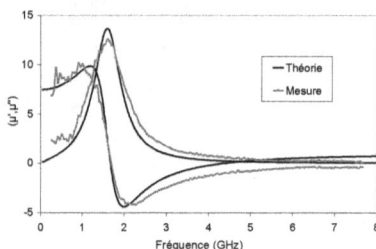

Figure III. 26 : Comparaison du spectre de perméabilité des composites LIFT avec la théorie de Bloch-Bloembergen

Les problèmes rencontrés en basses fréquences sont dus à un problème d'étalonnage. Une procédure de mesure plus précise (de type LRL) devrait permettre de supprimer ces perturbations ainsi que les ondulations présentes dans le spectre de permittivité.

E.   *Application aux couches minces ferromagnétiques*

La méthode de mesure a été testée pour la mesure de couches minces ferromagnétiques. Le film mesuré est une couche mince de 154 nm d'épaisseur déposée sur un substrat de verre Corning de 1,5 mm d'épaisseur. Le substrat diélectrique est déposé sur le ruban. Lors de la procédure d'extraction de la perméabilité relative de la couche mince à partir des paramètres S, l'épaisseur du substrat ainsi que sa permittivité relative ($\varepsilon_r = 2.2$) et sa perméabilité relative ($\mu_r = 1$) sont pris en compte. Le spectre de perméabilité obtenu est le suivant:

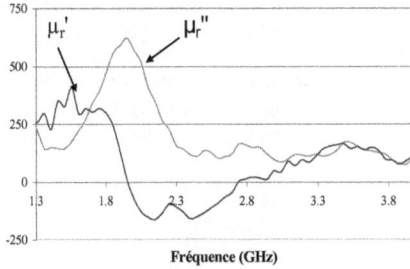

Figure III. 27: Spectre de perméabilité d'une couche mince.

Le modèle de Gilbert donne un niveau de perméabilité statique relative de 326, alors que la mesure montre que ce niveau est de 312. Les différences entre la mesure et la théorie peuvent être expliquées par l'étalonnage du dispositif ou par un manque de sensibilité de la cellule de mesure. Le problème rencontré en hautes fréquences (la perméabilité réelle relative ne tend pas vers l'unité) semble s'expliquer par le caractère conducteur de la couche ferromagnétique. En utilisant comme référence une mesure où la couche mince est saturée, les pertes métalliques en hautes fréquences devraient être prises en compte.

2 MISE EN EVIDENCE DES CHAMPS DEMAGNETISANTS ENGENDRES PAR LE FLUX MICRO-ONDE

Une spécificité des matériaux magnétiques a été évoquée dès le début de ce chapitre et concerne la mesure des paramètres de dispersion en condition d'utilisation. La forme du matériau ainsi que les conditions de polarisation jouent un rôle important sur la détermination des paramètres intrinsèques du matériau. Par exemple, la détermination de la perméabilité en guide rectangulaire donne des caractéristiques différentes de la mesure en ligne coaxiale. La fréquence de résonance est, par ailleurs, affectée d'un léger décalage.

Plusieurs échantillons de composite LIFT de longueurs et d'épaisseurs égales mais de largeurs différentes ont été caractérisés dans la cellule triplaque asymétrique.

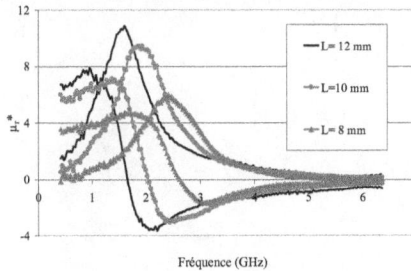

Figure III. 28 : Influence de la largeur de l'échantillon sur la perméabilité du composite LIFT

L'expérience montre un décalage de la fréquence de résonance vers les hautes fréquences lorsque la largeur de l'échantillon décroît. Ce phénomène est important à mettre en évidence car la fréquence de résonance peut affecter les caractéristiques d'un dispositif. Ce décalage de la fréquence de résonance est du à la présence de champs démagnétisants engendrés par le flux hyperfréquence. Dans le prochain chapitre, un paragraphe est consacré à ce phénomène.

Actuellement, la technique d'extraction des grandeurs électromagnétiques des matériaux mesurés est limitée à des matériaux ayant une largeur égale à la largeur du plan de masse. Par conséquent, les niveaux de perméabilité mesurés ne correspondent pas aux niveaux réels.

IV. CONCLUSION DU CHAPITRE III

Dans ce chapitre, une méthode de caractérisation hyperfréquence a été mise au point. Cette technique de mesure « *in situ* » permet de mesurer la perméabilité et la permittivité des composites ferromagnétiques dans les mêmes conditions de polarisation que celles rencontrées dans les dispositifs hyperfréquences. L'effet des champs démagnétisants dynamiques y est mis en évidence.

L'analyse électromagnétique utilisée est basée sur la méthode variationnelle. Cette approche basée sur le découplage des interactions diélectriques et des interactions magnétiques conduit à des résultats tout à fait conformes aux valeurs attendues. La bande de fréquence de validité de cette méthode est déterminée de façon analytique et est confirmée par les résultats issus d'une approche dynamique.

Par ailleurs, l'influence du gap d'air localisé entre le ruban et l'échantillon à caractériser a été traité. Par une étude comparative entre deux cellules de même impédance différant seulement par l'indice du substrat (alumine ou air), il a été montré que le gap d'air était beaucoup moins influant sur la détermination des paramètres intrinsèques pour la ligne triplaque.

Grâce à cette méthode de caractérisation hyperfréquence, les propriétés électromagnétiques du composite ferromagnétique lamellaire ont pu être mesurées. Le spectre de permittivité montre que la partie réelle est mesurée aux alentours de 2. La partie imaginaire de ce spectre montre peu de dispersion. De fortes pertes sont observées à 1.6 GHz dans le spectre de perméabilité. Ces pertes sont dûes à l'absorption gyromagnétique. Les caractéristiques mesurées ne montrent pas de contributions aux pertes magnétiques des relaxations de parois. Cela confirme l'état monodomaine des films ferromagnétiques. Par conséquent, la gamme des fréquences inférieures à la fréquence gyromagnétique est exploitable pour la réalisation de dispositifs micro-ondes. Par ailleurs, le composite ferromagnétique lamellaire présente, dans cette bande de fréquence, une forte perméabilité : $\mu_a = 9.5$. Cependant, la largeur à mi-hauteur des pertes gyromagnétiques ($\Delta F = 0.9$ GHz) est un sérieux inconvénient pour l'utilisation du composite aux fréquences microndes.

CHAPITRE IV:
PROPRIETES DES COMPOSITES FERROMAGNETIQUES LAMELLAIRES ET PARAMETRES DE REPARTITION D'UNE LIGNE MICRORUBAN

Chapitre IV: PROPRIETES DES COMPOSITES FERROMAGNETIQUES LAMELLAIRES ET PARAMETRES DE REPARTITION D'UNE LIGNE MICRORUBAN.

La réalisation de dispositifs agiles en fréquence utilisant des matériaux commandables par une contrainte extérieure requiert des structures de propagation adaptées. Ces structures doivent d'une part être adaptées aux conditions particulières de polarisation imposées par la nature du matériau, et doivent, d'autre part, permettre l'application de la contrainte extérieure permettant l'agilité. Dans le cas des composites ferromagnétiques lamellaires, le matériau composite doit être polarisé sur la tranche par une onde dont le champ électrique est orthogonal aux plans métalliques afin de minimiser les pertes par courants induits. Dans ces conditions de polarisation, le composite ferromagnétique se comporte comme un milieu isolant. Les structures propageant un mode transverse électrique (TE) ou un mode transverse électromagnétique (TEM) conviennent pour une polarisation adéquate du composite lamellaire. Les dispositifs propageant un mode fondamental quasi-TEM peuvent aussi être utilisés. Cependant, l'emploi de ces structures est limité en fréquence. En effet, elles ne peuvent être utilisées que lorsque les composantes longitudinales du champ hyperfréquence sont négligeables face aux composantes transversales du champ.

Par ailleurs, afin de réduire le coût et le temps de fabrication ainsi que les contraintes technologiques, les structures blindées (guide rectangulaire, ligne coaxiale,...) sont écartées de l'étude. Cependant, les études préliminaires sur les composites ferromagnétiques lamellaires de type LIFT ont montrées que la ligne de transmission coaxiale peut être envisagée pour la réalisation de dispositifs accordables étant donné le faible niveau de pertes d'insertion [83]. Afin de satisfaire aux critères de nature économique (faible coût de production), la technologie retenue est la technologie planaire. Parmi les supports de transmission en technologie plaquée, la structure de propagation microruban est la plus appropriée à la polarisation des composites ferromagnétiques lamellaires en raison de la carte des champs du mode fondamental (mode quasi-TEM).

Le but de ce chapitre est l'étude et l'optimisation d'une structure de propagation microruban chargée par le composite ferromagnétique lamellaire pour une utilisation ultérieure dans des fonctions hyperfréquences. Dans une première partie, le guide constitué de la ligne microruban et du matériau est décrite. Basée sur cette structure, l'étude s'est portée sur la mise en évidence des champs démagnétisants générés par le flux hyperfréquence traversant le composite ferromagnétique lamellaire et de la conséquence sur les propriétés de dispersion des dispositifs. Ensuite, une analyse électromagnétique simplifiée de la structure de propagation a été réalisée. Exploitant les résultats de cette analyse, la structure de propagation a été optimisée par la variation des paramètres électriques (permittivité, impédance caractéristique...) et géométriques (hauteur du substrat,...) du guide afin d'obtenir le minimum de pertes d'insertion du dispositif hors de la zone de pertes gyromagnétiques et de déterminer la meilleure configuration géométrique permettant la plus grande agilité en fréquence du dispositif.

I. LA STRUCTURE DE PROPAGATION MICRORUBAN

Afin de pouvoir exploiter la variation de la perméabilité sous l'effet d'un champ magnétique de faible intensité dans les dispositifs hyperfréquences, l'onde propagée doit fortement interagir avec le matériau. Un support de transmission de type ligne microruban a été choisi en raison de la carte des champs du mode fondamental : un mode quasi-TEM. Cette configuration électromagnétique permet d'insérer le matériau permet de placer le matériau soit sur le ruban conducteur, ou soit entre ce ruban et le plan de masse (Figure IV. 1) tout en respectant les conditions de polarisation du composite ferromagnétique lamellaire : le champ électrique radio-fréquence restant orthogonal aux plans des couches ferromagnétiques.

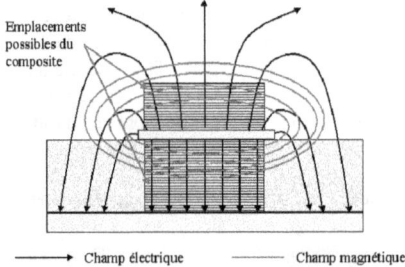

Figure IV. 1: Carte des champs du mode fondamental de la structure microruban et emplacements possibles du composite ferromagnétique lamellaire

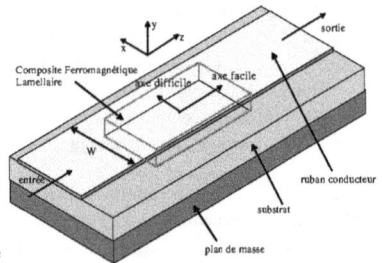

Figure IV. 2 : Structure de propagation microruban chargée par le composite ferromagnétique lamellaire

Puisque l'énergie micro-onde est principalement localisée dans le substrat entre le ruban conducteur et le plan de masse, la seconde configuration géométrique a été retenue. D'un point de vue pratique, une cavité est réalisée dans un substrat. Cette cavité sert de réceptacle pour le composite. Ensuite, cette cavité chargée du matériau magnétique est recouverte du ruban conducteur (Figure IV. 2 et Figure IV. 3). L'axe de facile aimantation du matériau composite est orienté selon la direction Oz, direction de propagation de l'onde hyperfréquence, de manière à observer une absorption gyromagnétique au travers des paramètres de dispersion de la structure de propagation.

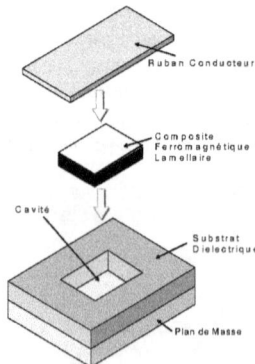

Figure IV. 3 : Insertion du composite ferromagnétique lamellaire dans une structure de propagation microruban

Dans cette configuration, un fort couplage entre l'onde et le matériau est observé (Figure IV. 4). L'énergie micro-onde est absorbée à la fréquence de 3.2 GHz ; fréquence qui diffère de la fréquence gyromagnétique du composite mesurée. En comparaison, le bilan énergétique de la structure de propagation avec le composite ferromagnétique placé sur le ruban est représenté sur la même figure. Dans ce cas, il apparaît une très faible interaction entre le matériau magnétique et l'onde aux alentours de 2 GHz. Ceci est dû à la faible densité d'énergie micro-onde véhiculée dans l'air.

Cependant, de fortes pertes demeurent dans la bande de fréquence 5-8 GHz. Afin d'évaluer l'influence des paramètres géométriques du composite lamellaire sur le niveau de dispersion, des matériaux de différentes largeurs (longueurs identiques) ont été insérés dans la structure triplaque asymétrique. Le paramètre de transmission montre une diminution des pertes vers les hautes fréquences lorsque la largeur du matériau diminue (Figure IV. 5). Ces pertes sont alors dues à des courants induits dans les plans ferromagnétiques. En effet, il existe des composantes magnétiques du champ hyperfréquence orthogonales aux plans métalliques. Ces composantes induisent des déplacements de charges, donc des courants. La réduction de la largeur du composite a pour effet de favoriser les composantes magnétiques hyperfréquences parallèles aux plans métalliques. La conséquence sur les paramètres de dispersion du dispositif est un affaiblissement de l'interaction onde - matière, une amélioration du niveau de pertes d'insertion en hautes fréquences ainsi qu'un décalage de la fréquence de résonance gyromagnétique.

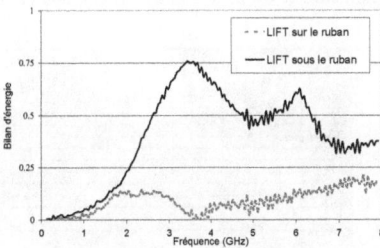

Figure IV. 4 : Bilan d'énergie de la structure microruban pour le composite LIFT placé dans les deux configurations sans champ extérieur appliqué

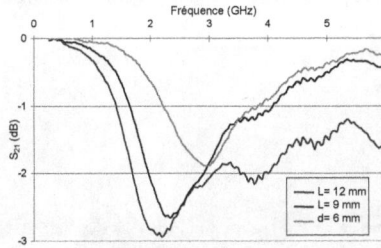

Figure IV. 5 : Paramètre de transmission de la structure triplaque (W= 9mm) chargée de composites ferromagnétiques lamellaires de différentes largeurs (L)

II. LES CHAMPS DEMAGNETISANTS DUS AU FLUX HYPERFREQUENCE

Le décalage en fréquence de l'absorption micro-onde relative au phénomène gyromagnétique en fonction des caractéristiques géométriques du dispositif a déjà été observé par Dionnes et Oates avec un circuit réalisé sur un substrat de nature ferrimagnétique [59]. Cette variation en fréquence s'explique par l'existence de champs démagnétisants engendrés par la configuration électromagnétique du champ magnétique hyperfréquence. En effet, les pôles magnétiques créés par le flux de l'onde pénétrant et sortant de la surface du composite génèrent des champs démagnétisants. Ces champs, proportionnels à l'aimantation à saturation des couches ferromagnétiques, induisent, alors, un déplacement de la résonance gyromagnétique ainsi qu'un étalement des pertes magnétiques.

1   MODELISATION ELECTROMAGNETIQUE

Afin de confirmer cette hypothèse, des simulations électromagnétiques utilisant le logiciel OPERA-2D ont été réalisées [122]. Ce phénomène magnétique engendré par une source '*dynamique*' est traité de manière statique. En effet, la variation de la fréquence gyromagnétique est fonction de la configuration spatiale avec laquelle le champ magnétique micro-onde pénètre dans le composite ferromagnétique lamellaire. Le caractère dynamique du champ hyperfréquence n'intervient pas. Ce code de calcul basé sur une approche magnétostatique, utilisant la méthode des éléments finis, permet la détermination du champ magnétique interne dans les couches ferromagnétiques. De par la conservation du flux magnétique, le calcul des coefficients démagnétisants est alors rendu possible.

Le composite ferromagnétique lamellaire est représenté comme étant une alternance de couches ferromagnétiques et diélectriques. Un ruban conducteur et un plan de masse conducteur amagnétique sont respectivement placés sur le matériau et sous celui-ci. Afin d'obtenir une carte des champs magnétiques semblable à celle de la ligne microruban, une densité de courant statique circule dans le ruban (Figure IV. 6). Cependant, cette modélisation fait l'hypothèse d'une dimension infinie suivant la troisième dimension qui, dans le cas présent, est l'axe de propagation de l'onde hyperfréquence. Par ailleurs, le composite est utilisé à des fréquences où les composantes longitudinales du champ hyperfréquence peuvent être négligées. La configuration étudiée est celle d'une configuration en deux dimensions.

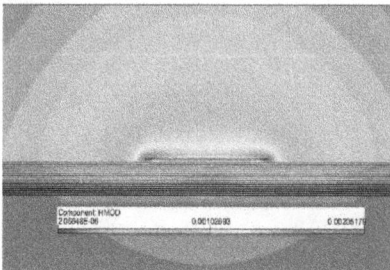

Figure IV. 6: Carte du champ magnétique de la structure microruban

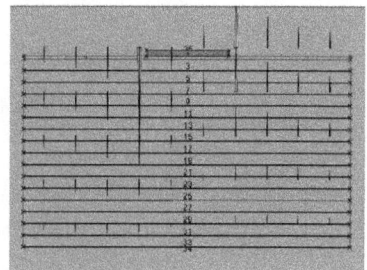

Figure IV. 7 : Composantes verticales du champ magnétique dues à la distribution du champ

L'intensité du champ magnétique est représentée par différentes couleurs (Figure IV. 6). Il apparaît que le champ magnétique est intense aux extrémités du ruban conducteur. Les simulations montrent qu'il existe des composantes du champ magnétique orthogonales aux plans ferromagnétiques (Figure IV. 7). L'effet de ces composantes est d'induire une inhomogénéité locale du champ interne dans les couches magnétiques et donc de décaler la fréquence de résonance gyromagnétique du composite. Cette hétérogénéité locale est représentée à la figure suivante par la variation de l'aimantation dans les couches ferromagnétiques (Figure IV. 8). L'aimantation est homogène au centre du composite alors qu'au niveau des extrémités du ruban celle –ci varie fortement.

Figure IV. 8 : Inhomogénéité de l'aimantation dans les couches ferromagnétiques

Les coefficients démagnétisants moyens N_x et N_y de la structure 2D sont déterminés à partir de la conservation du flux magnétique.

$$di v\left(\vec{B}\right) = O \qquad \qquad Eq.IV\text{-} 1$$

Par comparaison entre les champs magnétiques de la structure chargée du composite ('*c* ') et de la cellule remplie de diélectrique (air, '*v* '), les coefficients démagnétisants sont déterminés de la manière suivante :

$$\begin{cases} \dfrac{H_x^v - H_x^c}{M_x} = N_x \\[2em] \dfrac{H_y^v - H_y^c}{M_y} = N_y \end{cases} \qquad \qquad Eq.IV\text{-} 2$$

2   *VALIDATION EXPERIMENTALE DE L'APPROCHE MAGNETOSTATIQUE*

Afin de valider cette démarche, l'hypothèse de la non-influence de la longueur a été vérifiée expérimentalement. Une ligne microruban chargée de deux composites ferromagnétiques dont seule la longueur diffère a été mesurée. Le paramètre de transmission de la structure indique la même fréquence de résonance gyromagnétique (Figure IV. 9). Cette mesure permet de confirmer la nature transverse du champ électromagnétique propagé dans la structure microruban.

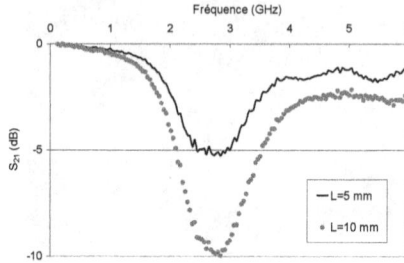

Figure IV. 9 : Comparaison du module du paramètre de transmission d'une ligne microruban chargée de composites de différentes longueurs

Des simulations du champ magnétique et de l'aimantation dans le matériau composite ont été effectuées pour la structure transverse microruban où des composites lamellaires ferromagnétiques de différentes largeurs ont été insérés. Un coefficient '*d*' s'apparentant à un coefficient de remplissage de la structure est défini. Il s'agit du rapport entre les largeurs du ruban conducteur et du composite ferromagnétique.

$$d = \frac{l\,arg\,eur\ du\ ruban\ conducteur}{l\,arg\,eur\ du\ composite\ ferromagnéique\ lamellaire} \qquad Eq.IV\text{-}3$$

Les coefficients démagnétisants du composite ferromagnétique lamellaire dus aux lignes de champ magnétique ont été calculés à partir de la méthode précédemment exposée. L'évolution des coefficients démagnétisants calculés est représentée en fonction du paramètre '*d*' à la figure ci-dessous (Figure IV. 10). La diminution de la largeur du composite, équivalent à l'augmentation du facteur d, permet la réduction du coefficient démagnétisant selon l'axe vertical (N_y). La diminution de ce coefficient est d'autant plus importante que le ruban est large par rapport au matériau composite ; c'est-à-dire lorsque d>1.

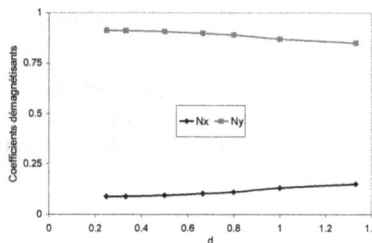

Figure IV. 10 : Coefficients démagnétisants déterminés par la simulation électromagnétique

A partir du calcul des coefficients démagnétisants, la fréquence de résonance gyromagnétique du composite a été déterminée. Pour cela, nous utilisons l'expression donnée au chapitre II. Cette expression fait intervenir l'effet des champs démagnétisants sous la forme (N_x-N_z) et (N_y-N_z) lorsque le matériau est aimanté longitudinalement (suivant Oz). Ces différences entre les coefficients démagnétisants ont été remplacées par les coefficients calculés par la simulation dans l'expression de la résonance gyromagnétique. Ceci est basé sur le fait que la longueur du composite ne joue pas de rôle déterminant dans la détermination de la fréquence gyromagnétique.

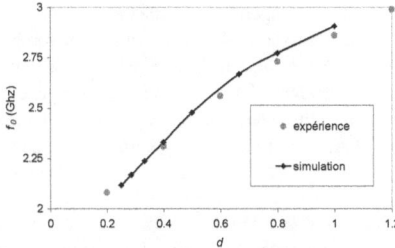

Figure IV. 11 :Comparaison entre les fréquences gyromagnétiques simulées et mesurées

La comparaison entre la théorie et la mesure montre un bon accord (Figure IV. 11). Cependant, quelques différences peuvent être constatées entre les deux courbes. L'écart entre les fréquences de résonance gyromagnétiques mesurées et calculées à partir de la simulation magnétostatique peut trouver son interprétation d'une part dans l'erreur du calculateur engendrée par le maillage (maillage quadratique), et d'autre part dans la non-planéité locale des couches ferromagnétiques qui induisent des champs démagnétisants supplémentaires.

III.   DIAGRAMME DE DISPERSION DE LA STRUCTURE DE PROPAGATION

Afin de pouvoir modéliser puis réaliser des dispositifs agiles en fréquence utilisant des composites ferromagnétiques lamellaires incorporés dans une structure de propagation microruban, les caractéristiques de dispersion sont nécessaires. Traditionnellement, ce travail est effectué à l'aide de simulateurs hyperfréquences basés sur la théorie des lignes. Cependant, ces logiciels ne permettent pas la prise en compte ni d'une hétérogénéité de substrat dans la direction transverse de propagation, ni le caractère gyromagnétique du matériau. Le recours à des logiciels électromagnétiques tels que HFSS est nécessaire. Les simulations avec ce type de logiciels sont fastidieuses et longues. En effet, il est nécessaire de rentrer dans le logiciel la perméabilité, fréquence par fréquence, pour représenter le comportement dispersif des couches ferromagnétiques. Par ailleurs, les différences géométriques des matériaux, en particulier l'épaisseur des couches ferromagnétiques (0.43 µm) par rapport à la largeur de la structure de propagation (quelques centimètres) rendent le maillage difficile et coûteux en ressources mémoire.

Ce paragraphe est donc consacré à une analyse électromagnétique simplifiée de la structure transverse hétérogène du guide. Afin de faciliter cette étude, seul le mode fondamental est pris en compte. Après avoir validé cette approche par une comparaison entre la théorie et l'expérience des paramètres de dispersion de la structure, les paramètres de la structure de propagation seront changés afin de permettre une optimisation de la ligne microruban chargée. Les paramètres seront ajustés dans le but de limiter les pertes d'insertion du dispositif et de trouver la configuration permettant la plus grande agilité en fréquence du dispositif.

Cette analyse électromagnétique s'appuie sur les travaux réalisés par M.E. Hines et ceux de M. Tsutsumi [123]-[125]. Le plan transverse de la structure microruban chargée du composite ferromagnétique lamellaire est le support de l'analyse (Figure IV. 12). Pour ces calculs, le composite ferromagnétique lamellaire est considéré comme un milieu homogène présentant une permittivité relative apparente ε_a et une perméabilité relative apparente μ_a. Cette homogénéisation est possible car aux fréquences de travail la longueur d'onde est très supérieure aux dimensions des différents constituants du composite.

Par ailleurs, cette étude est limitée à la région localisée sous le ruban conducteur ; zone où est concentrée la densité d'énergie micro-onde : hypothèse d'un ruban large par rapport à la hauteur du substrat.

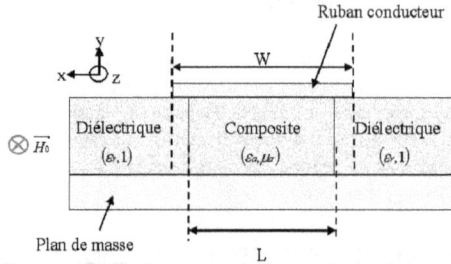

Figure IV. 12 : Coupe transverse de la structure de propagation microruban

Un mode TE est considéré étant donné que les modes TM ne peuvent se propager car la distance entre les deux plans métalliques (plan de masse et ruban conducteur) est inférieure à $\lambda_g/2$. Les caractéristiques de dispersion de la structure sont déterminées en se basant sur ces hypothèses et en s'appuyant sur les conditions de continuités aux différentes interfaces des composantes tangentielles des champs hyperfréquences.

Pour cela, les équations d'Helmholtz pour la composante E_y dans les différents milieux de propagation sont exprimées :

$$\begin{cases} \dfrac{\partial^2 E_y^d}{\partial x^2} + \dfrac{\partial^2 E_y^d}{\partial z^2} + \dfrac{\omega^2 \varepsilon_r}{c^2} E_y^d = 0 \qquad\qquad \textit{dans le diélectrique.} \end{cases}$$

Eq.IV- 4

$$\begin{cases} \dfrac{\partial^2 E_y^m}{\partial x^2} + \dfrac{\partial^2 E_y^m}{\partial z^2} + \dfrac{\omega^2 \varepsilon_a \mu_v}{c^2} E_y^m = 0 \qquad \textit{dans le matériau magnétique} \end{cases}$$

Avec la perméabilité effective μ_v (ou perméabilité de Voigt) :

$$\mu_v = \frac{\mu^2 - \kappa^2}{\mu}$$

Eq.IV- 5

Puisque le composite ferromagnétique présente un tenseur diagonal, la permittivité effective de la structure équivaut à la perméabilité apparente du matériau homogénéisé. Les solutions générales de ces équations sont :

$$\begin{cases} E_y^m = \left[A_1.sh(k_m.x) + A_2.ch(k_m.x)\right]e^{\gamma.z} \\ E_y^d = \left[B_1.sh(k_d.x) + B_2.ch(k_d.x)\right]e^{\gamma.z} \end{cases}$$

Eq.IV- 6

Avec :

$$\begin{cases} k_m^2 + \gamma^2 + \left(\dfrac{\omega}{c}\right)^2 \mu_a \varepsilon_a = 0 \\ k_d^2 + \gamma^2 + \left(\dfrac{\omega}{c}\right)^2 \varepsilon_r = 0 \end{cases}$$

Eq.IV- 7

où γ est le vecteur d'onde suivant la direction de propagation et k_m, k_d les vecteurs d'onde dans le plan transverse respectivement dans le milieu magnétique et diélectrique. D'après les équations de Maxwell, le champ magnétique peut-être déduit par :

$$\overrightarrow{rot\,E} = -j\omega\mu_0\overset{\leftrightarrow}{\mu}\overrightarrow{H}$$

Eq.IV- 8

On obtient donc :

$$\begin{cases} H_z^m = \dfrac{-j.k_m}{\omega.\mu_0.\mu_a}\left[A_1.ch(k_m.x) + A_2.sh(k_m.x)\right]e^{\gamma.z} \\ H_z^d = \dfrac{-j.k_d}{\omega.\mu_0}\left[B_1.ch(k_d.x) + B_2.sh(k_d.x)\right]e^{\gamma.z} \end{cases}$$

Eq.IV- 9

où A_i, B_i sont des constantes. Afin de déterminer les constantes, les conditions de continuités des composantes tangentielles des champs électromagnétiques aux différentes interfaces sont prises en compte. Les conditions aux limites aux bords du ruban (murs magnétiques) et à la discontinuité composite ferromagnétique/substrat permettent d'obtenir l'équation de dispersion de la structure de propagation. En effet, la résolution du système d'équations obtenu grâce aux conditions de continuité mène, par l'annulation du déterminant, à l'équation générale de dispersion suivante :

$$ch\left(\frac{k_m.L}{2}\right).sh\left(\frac{k_m.L}{2}\right).ch\left(\frac{k_d.W}{2}\right).sh\left(\frac{k_d.W}{2}\right) = 0$$

Eq.IV- 10

Après avoir écarté les solutions triviales (modes fantômes), l'équation précédente se résume à la suivante :

$$tan\left(\frac{k_m''.L}{2}\right).tan\left(\frac{k_d''.W}{2}\right).th\left(\frac{k_m'.L}{2}\right).th\left(\frac{k_d'.W}{2}\right) = 1$$

Eq.IV- 11

où $k_m^{'}$, $k_m^{''}$, $k_d^{'}$ et $k_d^{''}$ sont respectivement les parties réelles et imaginaires des constantes de propagation dans le plan transverse. La résolution de cette équation nécessite l'emploi d'une procédure numérique de recherche de racines dans le plan complexe.

2 *VALIDATION DE L'ANALYSE ELECTROMAGNETIQUE*

Afin de valider cette approche simplifiée de l'analyse électromagnétique de la structure de propagation, la comparaison est réalisée sur les paramètres de dispersion d'une structure microruban chargée du composite ferromagnétique lamellaire.

Lors de la phase expérimentale, le matériau est caractérisé par une longueur de 25 mm, une largeur de 3 mm, une épaisseur de 0.635 mm. La ligne de transmission microruban est adaptée à 50 Ohms (W=3.3 mm) substrat mousse (polyimide expansé, $\varepsilon_r=1.07$).

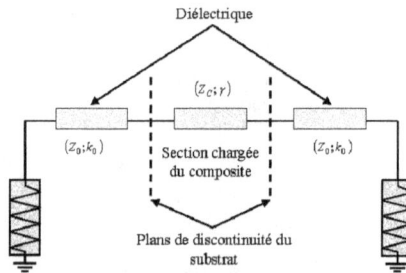

Figure IV. 13 : Synoptique de la théorie des lignes

Pour calculer les paramètres de répartition de la structure de propagation, la théorie des lignes décrite au Chapitre III est utilisée (Figure IV. 13). Afin de déterminer les coefficients de réflexion et de transmission de l'onde à la discontinuité substrat mousse – composite ferromagnétique lamellaire, le calcul de l'impédance caractéristique (Z_C) est requis. Ce dernier est calculé à partir de l'expression suivante :

$$Z_C = \frac{\int_{-\frac{W}{2}}^{\frac{W}{2}} E_y \, dx}{\int_{-\frac{W}{2}}^{\frac{W}{2}} H_x \, dx}$$

Eq.IV- 12

La figure ci-dessous (Figure IV. 14) montre une bonne concordance entre le paramètre de transmission mesuré de la structure de propagation et la théorie. Cependant, quelques différences existent entre les deux courbes, en particulier, après la résonance gyromagnétique. Cela peut-être dû au fait que le modèle de perméabilité utilisé est celui de Bloch-Bloembergen qui est valable pour un monocristal. Dans le cas présent, le caractère amorphe du film n'est pas pris en compte. Cette différence a déjà été mise en évidence lors de la comparaison entre le spectre de perméabilité du LIFT mesuré dans la ligne triplaque avec celui donné par la théorie.

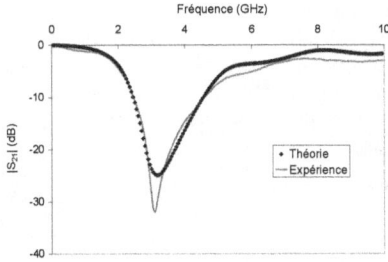

Figure IV. 14 : Comparaison entre la mesure et l'analyse électromagnétique du paramètre de transmission du guide microruban

3 INFLUENCE DES PARAMETRES INTRINSEQUES DU MATERIAU SUR LES CARACTERISTIQUES DE DISPERSION

Les caractéristiques de dispersion de la structure de propagation présentées au paragraphe précédent montrent que les pertes aux fréquences supérieures à la fréquence gyromagnétique restent importantes. Cette atténuation est principalement liée aux pertes magnétiques du composite ferromagnétique lamellaire. Afin d'améliorer le niveau de pertes d'insertion de la structure, l'influence du coefficient de remplissage en matière magnétique dans le dispositif ainsi que celle de la permittivité du substrat hôte sont étudiées. Les simulations réalisées dans ce paragraphe sont faîtes à champ nul.

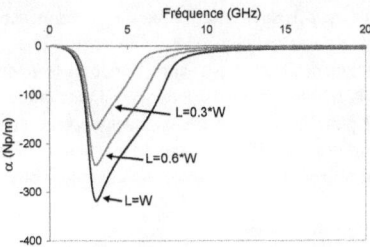

Figure IV. 15 : Constante d'atténuation de la structure de propagation pour différentes largeurs du composite ferromagnétique et pour un substrat hôte de permittivité $\varepsilon_r=1.07-0.01.j$

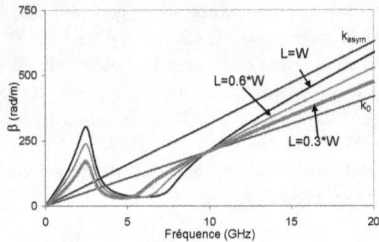

Figure IV. 16 : Constante de phase de la structure de propagation pour différentes largeurs du composite ferromagnétique et pour un substrat hôte de permittivité $\varepsilon_r=1.07-0.01.j$

Les résultats présentés ci-dessus (Figure IV. 15 et Figure IV. 16) ont été réalisés pour un ruban de 3.3 mm de largeur et un substrat hôte de permittivité relative de 1.07. Ces figures illustrent la variation en fréquence de la constante d'atténuation et de la constante de phase pour différents coefficients de remplissage en matière magnétique de la structure de propagation. Le diagramme de la constante d'atténuation (Figure IV. 15) montre que le niveau de pertes pour des fréquences supérieures à la fréquence gyromagnétique est fortement dépendant de la taille du composite. En effet, la réduction de la largeur du composite entraîne celle de l'atténuation à la résonance ainsi qu'une diminution de la largeur du pic d'absorption. Cette diminution est due à une variation de la répartition de l'énergie micro-onde dans les différents milieux diélectriques et magnétiques ; répartition qui dépend des dimensions géométriques du composite ferromagnétique. Il est important de constater que lorsque la largeur du composite égale celle du ruban conducteur, la constante de phase converge vers une limite asymptotique (k_{asym}). Cette limite est obtenue par le remplacement dans le programme de simulation des caractéristiques électriques et magnétiques du composite LIFT par celles d'un matériau diélectrique (μ_r=1) et de même permittivité que celle du composite.

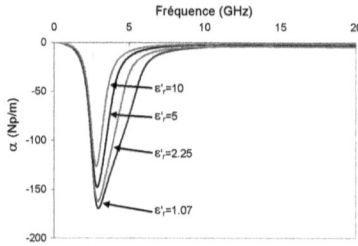

Figure IV. 17 : Constante d'atténuation de la structure de propagation pour différentes permittivités du substrat hôte avec un composite ferromagnétique de 1 mm de large et un ruban de 3.3 mm de large

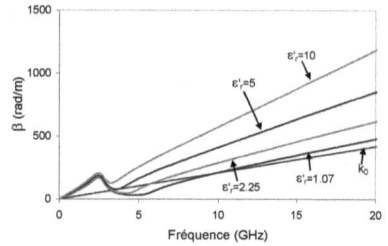

Figure IV. 18 : Constante de phase de la structure de propagation pour différentes permittivités du substrat hôte avec un composite ferromagnétique de 1 mm de large et un ruban de 3.3 mm de large

L'influence du substrat hôte sur la constante de propagation a été étudiée. Pour cela, la permittivité du diélectrique a été changée dans la simulation. Les simulations de la constante d'atténuation (Figure IV. 17) illustrent le fait qu'une augmentation de la permittivité du diélectrique permet une diminution des pertes pour des fréquences supérieures à la fréquence de résonance des moments magnétiques. L'utilisation d'un substrat hôte de fort indice permet de concentrer une partie de l'énergie micro-onde dans le diélectrique en diminuant le couplage entre l'onde et le matériau magnétique. En effet, le montre le niveau de pertes à la fréquence gyromagnétique est plus faible pour une permittivité relative de 10 du substrat (α= -120 Np/m) en comparaison avec celui obtenu pour un substrat de permittivité 1.07 (α= -170 Np/m). Par ailleurs, l'introduction dans la structure de propagation d'un substrat hôte de fort indice permet d'accroître la permittivité effective de la structure transverse (Figure IV. 18).

4 *OPTIMISATION DES PARAMETRES GEOMETRIQUES ET ELECTRIQUES SUR L'AGILITE EN FREQUENCE*

Dans ce paragraphe, la corrélation entre les paramètres géométriques des circuits et les propriétés électromagnétiques du matériau magnétique a été réalisée. Cette étude a pour objectif de mettre en évidence les relations entre la recherche de la plus forte agilité en fréquence et les effets que peut induire le matériau magnétique inséré dans la ligne microruban sur les paramètres de dispersion de l'ensemble de la structure. Ce travail est nécessaire car il permet de fixer certains paramètres avant la conception du circuit comme l'a démontré Miranda pour l'utilisation des matériaux ferroélectriques dans les dispositifs hyperfréquences [126].

Dans cette étude, les résultats des simulations sont donnés à la fréquence de 1 GHz ; fréquence à laquelle les dispositifs micro-ondes seront conçus pour profiter de la forte perméabilité avant la résonance gyromagnétique du fait de l'absence de la contribution des parois aux pertes magnétiques. Les simulations des paramètres électriques tels que l'impédance caractéristique du tronçon de ligne microruban (Z_C) et la perméabilité relative effective (μ_{reff}) en fonction de la perméabilité apparente du matériau magnétique (μ_a), et de l'épaisseur du substrat (h) sont présentées pour la structure chargée par le composite ferromagnétique lamellaire. Les simulations sont réalisées pour des variations de la perméabilité du composite entre l'état désaimanté ($\mu_a= 9.5$) et l'état saturé ($\mu_a=1$).

Les structures sont toutes dimensionnées avec la même quantité de matière (70%) et pour un état saturé du composite ferromagnétique. La section transverse de la structure est celle présentée précédemment avec un substrat de mousse ($\varepsilon_r=1.07$). Notre intérêt s'est porté sur les paramètres pouvant être modifiés de manière technologique (la largeur de ruban et l'épaisseur de substrat) permettant ainsi un contrôle aisé de l'impédance caractéristique de la structure. Ainsi, des lignes de transmission de type microruban ont été dimensionnées à différentes impédances (25 Ω, 50 Ω et 75 Ω) pour différentes épaisseurs de substrat (300 μm, 635 μm et 750 μm).

Par ailleurs, il est important de signaler que les variations spatiales de la perméabilité dans les films ferromagnétiques engendrées par les champs démagnétisants ou les champs d'échange ne sont pas prises en compte dans les simulations.

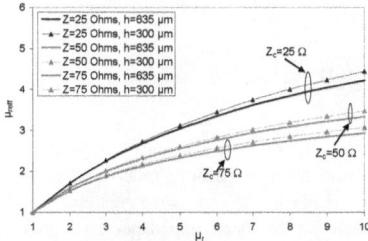

Figure IV. 19 : Evolution de la perméabilité effective relative du dispositif en fonction de la perméabilité apparente du composite ferromagnétiques pour différentes hauteurs de substrat et différentes impédances caractéristiques initiales.

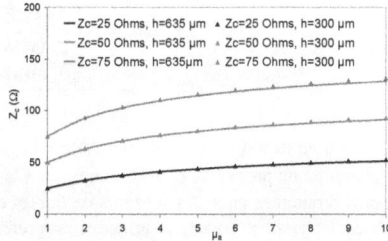

Figure IV. 20 : Evolution de l'impédance caractéristique de la structure microruban en fonction de la perméabilité apparente du composite ferromagnétiques pour différentes hauteurs de substrat et différentes impédances caractéristiques initiales.

Les figures ci-dessus illustrent l'évolution de la perméabilité effective relative et de l'impédance caractéristique de la structure en fonction de la perméabilité apparente du composite pour différentes hauteurs de substrat (300 μm et 635 μm) et pour différentes largeurs de ruban. Les lignes sont dimensionnées à différentes impédances pour un matériau composite à l'état saturé ($\mu_a=1$). Le tableau ci-dessous résume les variations obtenues en simulation pour l'ensemble des cas considérés.

	Z_C= 25 Ω		Z_C= 50 Ω		Z_C= 75 Ω	
	$\Delta\mu_{reff}$ (%)	ΔZ_C (%)	$\Delta\mu_{reff}$ (%)	ΔZ_C (%)	$\Delta\mu_{reff}$ (%)	ΔZ_C (%)
h= 300 μm	345	111	247	86	207	75
h= 635 μm	322	105	233	82	193	71
h= 750 μm	313	103	228	81	190	73

Tab.IV- 1:Evolutions des variations de l'impédance caractéristique et de la perméabilité pour différentes hauteurs de substrat.

Les pourcentages de changements sont définis selon les expressions suivantes :

$$\Delta Z_C (\%) = 100.\frac{Z_C(\mu_a = 9.5) - Z_C(\mu_a = 1)}{Z_C(\mu_a = 1)} \qquad Eq.IV\text{-}13$$

$$\Delta\mu_{reff} (\%) = 100.\frac{\mu_{reff}(\mu_a = 9.5) - \mu_{reff}(\mu_a = 1)}{\mu_{reff}(\mu_a = 1)}$$

Au vu de ces résultats de simulation, l'agilité en fréquence de l'impédance caractéristique et de la constante de propagation, proportionnelle à la racine carrée de la perméabilité relative effective, est la plus prononcée pour des substrats de faibles épaisseurs et des impédances caractéristiques les plus faibles. Ce résultat est important car il est préférable de choisir une faible impédance caractéristique pour obtenir une forte variation en fréquence des paramètres de dispersion des dispositifs.

IV. CONCLUSION DU CHAPITRE IV

Dans ce chapitre, une corrélation entre les propriétés des composites lamellaires ferromagnétiques et les paramètres de dispersion d'une ligne microruban a été réalisée. Dans un premier temps, la structure de propagation microbande permettant une forte interaction entre le signal micro-onde et la matériau magnétique a été décrite. Afin de limiter les pertes dues aux composantes magnétiques du champ hyperfréquence qui induisent des courants, la largeur du composite doit être inférieure à celle du ruban. La réduction de la largeur du composite engendre un décalage de la fréquence de résonance gyromagnétique. Cette variation due à l'effet des champs démagnétisants engendrés par le flux hyperfréquence par rapport aux dimensions du circuit a été prise en compte dans un second temps. Etant donné que les dispositifs seront, par la suite, réalisés dans la bande de fréquence avant la résonance gyromagnétique, la méconnaissance de la fréquence de pertes gyromagnétiques peut fortement affecter les performances du circuit. Finalement, une analyse électromagnétique simplifiée décrivant l'hétérogénéité de la structure transverse microruban et incluant le caractère gyromagnétique du composite a été mise au point. Cette approche, comparée favorablement avec l'expérience, servira d'outil pour une modélisation rapide de dispositifs agiles en fréquence. A partir de ce programme, l'influence des paramètres électriques et géométriques des matériaux sur les variations de l'impédance caractéristique et de la perméabilité effective de la structure a été étudiée en ayant pour objectifs la minimisation des pertes pour les fréquences hors de la zone de pertes magnétiques et l'augmentation de la sensibilité du circuit au champ magnétique extérieur. Les simulations montrent qu'il est préférable de choisir un substrat de fort indice afin de réduire les pertes à la résonance et d'augmenter la permittivité effective de la structure de propagation. Cependant, dans la suite de cette étude, des substrats de faibles permittivités seront considérés en raison de problèmes technologiques dûs à la découpe des composites ferromagnétiques lamellaires par rapport à la largeur des rubans et à l'élaboration de la cavité dans un substrat rigide. Les simulations de la variation des paramètres électriques (constante de phase et impédance caractéristique) en fonction de la variation de la perméabilité du composite mettent en relief le rôle de ces grandeurs sur l'agilité des composants. En effet, le choix d'un substrat de faible épaisseur ainsi que le dimensionnement des fonctions micro-ondes pour de faibles impédances caractéristiques permettent une augmentation de la sensibilité des paramètres de dispersion à la commande magnétique.

CHAPITRE V:
APPLICATION DU COMPOSITE FERROMAGNETIQUE LAMELLAIRE AUX FONCTIONS MICRO-ONDES AGILES

Chapitre V: APPLICATION DU COMPOSITE FERROMAGNETIQUE LAMELLAIRE AUX FONCTIONS MICRO-ONDES D'AGILITE

Les chapitres précédents ont permis d'appréhender la physique des milieux magnétiques, de connaître les propriétés statiques et hyperfréquences des composites ferromagnétiques lamellaires et d'avoir une vue d'ensemble des paramètres physiques et électriques à prendre en compte lors de la réalisation de circuits en technologie microruban intégrant ce type de composites ferromagnétiques.

L'agilité en fréquence de dispositifs micro-ondes peut être obtenue par l'application d'un champ magnétique qui agit sur les composantes du tenseur de perméabilité du matériau magnétique pour modifier la fréquence ou la phase de travail des circuits. Comme il a été montré au chapitre précédent, la commandabilité en phase ou en fréquence des dispositifs est essentiellement dûe aux variations de la constante de propagation effective β_{eff} ainsi que de l'impédance caractéristique des tronçons de ligne microruban. Toutes ces quantités sont relatives à la perméabilité relative effective μ_{reff} de la structure de propagation. L'ensemble de ces éléments pris en compte vont permettre la réalisation et l'optimisation de dispositifs accordables tels que déphaseurs, commutateurs, filtres coupe-bande ou passe-bande.

Dans la première partie de ce chapitre, des dispositifs basés sur les propriétés magnétiques du composite (non-linéarité de la perméabilité, absorption gyromagnétique et anisotropie des films ferromagnétiques) sont présentés. Les mesures de ces fonctions micro-ondes effectuées pour différentes aimantations sont reportées. Dans la seconde partie de ce chapitre, un modèle de simulation d'un filtre passe-bande est développé. Les simulations élaborées sur le logiciel commercial Agilent ADS utilisant les résultats de notre approche électromagnétique sont comparées aux mesures réalisées pour le circuits et aux simulations obtenues avec le logiciel sans l'approche magnétique. Au travers de ces résultats, il sera montré l'intérêt des composites ferromagnétiques aux fréquences micro-ondes.

Le matériau utilisé est un composite LIFT élaboré par le CEA. Initialement, ce matériau a été conçu, avec succès, pour absorber les ondes électromagnétiques. Ici, le travail a consisté à utiliser ses propriétés électromagnétiques pour réaliser des dispositifs accordables. Les chapitres précédents, en particulier le Chapitre II, ont montré qu'une modification des propriétés initiales auraient été souhaitables en vue de son utilisation de manière optimale dans les circuits micro-ondes. C'est pourquoi, la réalisation de fonctions accordables a été limitée à la réalisation de démonstrateurs.

Le principe des circuits micro-ondes agiles en fréquence à commande magnétique repose sur le changement d'état d'aimantation du matériau. Généralement pour les ferrites, ces états sont compris entre la saturation et la désaimantation totale. Les dispositifs travaillent à des fréquences supérieures à la fréquence de fin de pertes magnétiques f_m donnée par la relation suivante :

$$f_m = \gamma . 4\pi M_S \qquad\qquad Eq.V\text{-}1$$

Il est donc impossible de fonctionner à des fréquences inférieures à cette fréquence du fait des fortes pertes engendrées par les relaxation de parois et gyromagnétiques.

Dans le cas des composites ferromagnétiques lamellaires utilisés, le spectre de perméabilité ne montre pas de contributions des parois aux pertes magnétiques. La bande de fréquence située avant la fréquence gyromagnétique est alors exploitable pour réaliser des dispositifs agiles. Dans cette gamme de fréquence, le matériau est caractérisé par une forte perméabilité.

Le dispositif d'aimantation utilisé sera un dispositif constitué de bobines d'Helmholtz. L'aimantation sera appliquée dans la direction de l'axe de facile aimantation afin d'obtenir une variation continue des caractéristiques de répartition des fonctions hyperfréquences. Cependant, lorsque l'aimantation sera appliquée dans la direction de l'axe de difficile aimantation, l'agilité se fera de manière discrète entre l'état désaimanté ($H_0 = 0$ Oe ; $\mu_r = 9.5$) et l'état où la perméabilité est égale à l'unité. Le champ nécessaire devra être supérieur au champ d'anisotropie et au champ démagnétisant.

I. DEPHASEUR MICRORUBAN A COMMANDE MAGNETIQUE

Le déphaseur est une fonction essentielle dans les dispositifs de communications. Le déphasage est obtenu lorsque le paramètre de phase varie tout en gardant constant les paramètres de répartition. La non-linéarité de la perméabilité du composite en fonction du champ magnétique appliqué permet une variation de la phase du dispositif par la relation suivante :

$$\Delta\Phi = \Phi(H) - \Phi(0) = \frac{360}{c}.f.L.\sqrt{\varepsilon_{\text{eff}}}.\left(\sqrt{\mu_{\text{eff}}(H)} - \sqrt{\mu_{\text{eff}}(0)}\right) \qquad\qquad Eq.V\text{-}2$$

où L est la longueur du composite ferromagnétique, ε_{eff} et μ_{eff} sont respectivement la permittivité relative effective et la perméabilité relative effective de la section transverse qui contient le composite ferromagnétique. La caractérisation hyperfréquence a montré que seule la perméabilité dépendait du champ magnétique extérieur. La structure de propagation utilisée pour réaliser un déphaseur est la ligne microruban chargée du composite ferromagnétique lamellaire (Figure V. 1). Un composite de dimensions 25 mm×2 mm×0.635 mm est inséré dans un substrat diélectrique de mousse polyimide de permittivité relative 1.07 [127]. La concentration en matière ferromagnétique dans le composite est de 2.51%. La largeur du ruban est de 3.3 mm.

L'aimantation du dispositif est réalisée suivant l'axe de facile aimantation. La mesure est effectuée à l'analyseur de réseau après un étalonnage SOLT.

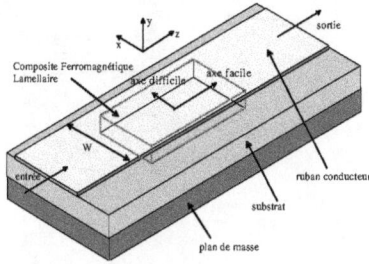

Figure V. 1 : Structure microruban utilisée pour réaliser un déphaseur

Un paramètre important des déphaseurs est la mesure de la figure de mérite. Elle est définie comme étant le rapport du déphasage différentiel ($\Delta\Phi$) sur les pertes (α) de la structure de propagation. C'est une mesure de la qualité du déphaseur.

$$F = \frac{\Delta\Phi}{\alpha}$$ *Eq.V- 3*

A partir de ce dispositif microruban, deux déphaseurs travaillant dans des bandes de fréquence différentes peuvent être réalisés. Pour cela, deux zones du spectre de perméabilité sont utilisées. La première est située pour des fréquences inférieures à la fréquence de résonance gyromagnétique (zone I, Figure V. 2). La seconde est localisée pour des fréquences supérieures à la fréquence de résonance gyromagnétique pour une certaine valeur de champ (zone II, Figure V. 2).

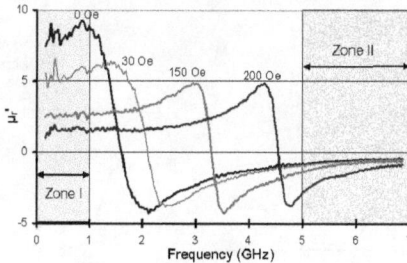

Figure V. 2 : Zones du spectre de perméabilité utilisées pour réaliser des déphaseurs

1 LE DEPHASEUR BANDE-ETROITE

Avec les dimensions caractéristiques du circuit et du matériau, la fréquence de résonance gyromagnétique est repoussée à plus de 3 GHz par les champs démagnétisants du flux hyperfréquence.

Le circuit fonctionne dans la bande de fréquence juste avant la fréquence de résonance gyromagnétique car c'est la zone où la variation du niveau de perméabilité est la plus rapide pour de faibles valeurs de champ magnétique [128].

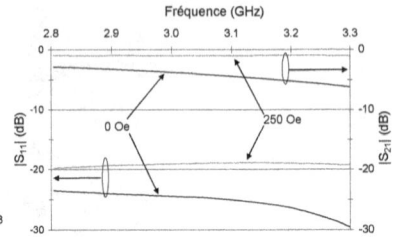

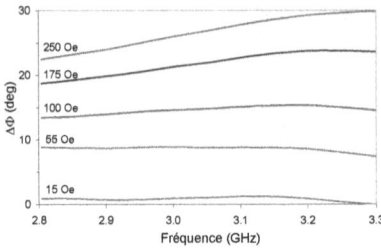

Figure V. 3 : Déphasage différentiel du dispositif pour différentes valeurs de champ magnétique

Figure V. 4 : Paramètres de répartition de la structure microruban pour les deux aimantations extrêmes

Autour de 3 GHz, un déphasage différentiel par unité de longueur de 12 deg/cm est obtenu pour un champ magnétique statique de 250 Oe (Figure V. 3). Dans cette bande de fréquence, le déphasage est linéaire sur une bande étroite de fréquence (500 MHz) limitée par le phénomène gyromagnétique. La comparaison des modules des paramètres de répartition pour les deux cas extrêmes d'aimantation (H_0=0 Oe et H_0= 250 Oe) montre que le dispositif reste convenablement adapté : S_{11} < -18 dB (Figure V. 4). Cependant, la variation des pertes d'insertion est assez importante : ΔS_{21}=2 dB. Dans le cas saturé, le déphaseur présente un facteur de mérite de 29 deg/dB. En comparaison avec un déphaseur réalisé avec un matériau ferroélectrique [129], un facteur de mérite de 40 deg/dB est obtenu pour une tension de polarisation de 250 V appliqués. La tension requise est importante pour avoir un facteur de mérite proche de celui obtenu avec notre dispositif.

2 LE DEPHASEUR LARGE-BANDE

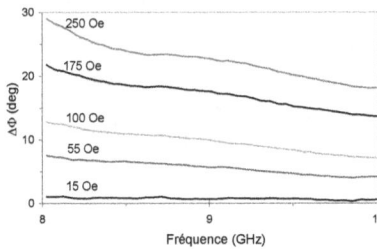

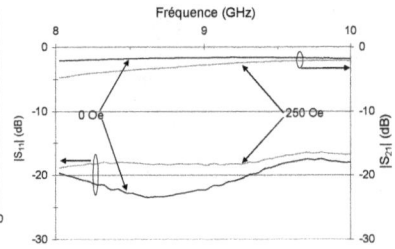

Figure V. 5 : Déphasage différentiel du dispositif pour différentes valeurs de champ magnétique

Figure V. 6 : Paramètres de répartition de la structure microruban pour les deux aimantations extrêmes

Dans la bande de fréquence (8-10GHz), le déphasage différentiel est quasi-constant sur la bande de fréquence. En effet, le décalage de la fréquence de résonance gyromagnétique en fonction du champ magnétique appliqué induit de faibles variations de la perméabilité du composite (zone II, Figure V. 2) à l'extrémité de la zone de pertes gyromagnétique. En moyenne sur la bande (8-10GHz), un déphasage de 10,3 deg/cm et un facteur de mérite de 7,8 deg/dB sont obtenus pour 250 Oe appliqués. L'évolution des modules des paramètres de répartition ne présente pas d'importantes variations de niveau : S_{11}≤ -15 dB sur toute la bande de fréquence.

En comparaison avec des déphaseurs réalisés sur matériau ferroélectrique utilisant la remontée de filtres coupe-bandes, un facteur de mérite de 11 deg/dB est mesuré à basse température (4K) pour une tension de polarisation appliquée de 250 V [130]. Les résultats de figure de mérite sont comparables. La puissance consommée pour les dispositifs ne peut être comparée car cela dépend, pour le champ magnétique, de la taille du dispositif, de l'écartement des bobines d'Helmholtz…

3   OPTIMISATION DU DEPHASEUR

Afin de rendre plus performant les dispositifs de déphasage, il est nécessaire de diminuer les pertes d'insertion tout en augmentant le déphasage différentiel.

Pour diminuer les pertes hors de la zone d'absorption gyromagnétique, un substrat hôte de plus fort indice peut être utilisé. En effet, comme illustré au chapitre précédent, un substrat hôte de forte permittivité a pour effet de diminuer l'influence des modes magnétostatiques sur les caractéristiques de propagation. Par ailleurs, l'emploi d'un substrat d'indice élevé augmente la permittivité effective relative de la structure de propagation, et donc accroît la constante de phase du dispositif.

Une autre solution consiste à diminuer l'influence du matériau magnétique sur la propagation en insérant entre le matériau magnétique et le ruban conducteur une couche de diélectrique d'indice fort [131]. Dans ce cas, la perméabilité effective ($\mu_{eff}(H)$) de la structure de propagation est plus faible dûe à l'éloignement du matériau magnétique du conducteur central. Par ailleurs, l'utilisation d'un substrat diélectrique d'indice élevé permet d'augmenter la permittivité effective (ε_{eff}) et d'augmenter le déphasage puisque celui-ci est proportionnel à la permittivité effective (Eq.V- 2) .

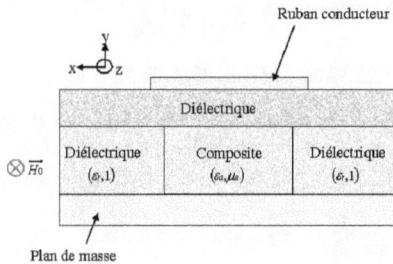

Figure V. 7 : Structure de propagation envisagée pour améliorer les performances du déphaseur

II. LE COMMUTATEUR A COMMANDE MAGNETIQUE

Dans ce paragraphe sont décrites les propriétés magnétiques mises en jeu pour le fonctionnement d'un commutateur à commande magnétique. La structure de propagation utilisée pour réaliser le commutateur est la structure microruban intégrant le composite (Figure V. 1). Une mousse polyimide de permittivité relative 1.07 fait office de substrat hôte. Le composite lamellaire est caractérisé par une concentration en matière ferromagnétique de 0.8 % et par des dimensions géométriques de 25 mm×4.2 mm×0.85 mm. L'axe de facile aimantation est orienté dans la direction de propagation de l'onde électromagnétique de sorte que la résonance gyromagnétique se produise. Cela se traduit dans les paramètres de répartition du dispositif par une absorption de l'onde à la fréquence gyromagnétique : f=2.6 GHz ; S_{21}= -24 dB (Figure V. 8). L'application d'un champ magnétique statique dans la direction de l'axe de difficile aimantation oriente les moments colinéairement au champ magnétique hyperfréquence. Dans ce cas, il n'y a plus d'absorption gyromagnétique et la perméabilité du matériau est proche de l'unité : le signal micro-onde se propage à la fréquence de 2.6 GHz. L'intensité du champ magnétique doit compenser le champ d'anisotropie des films ferromagnétiques conjugué au champ démagnétisant du à la faible largeur du matériau. En pratique, un champ magnétique de 200 Oe est suffisant pour effectuer le basculement des moments magnétiques de l'axe de facile aimantation à celui de difficile aimantation.

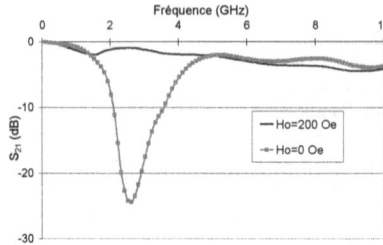

Figure V. 8 : paramètres de répartition du commutateur à commande magnétique

Les niveaux des paramètres de répartition du dispositif peuvent être améliorés en utilisant les même considérations que précédemment. La fréquence de fonctionnement du commutateur peut être modifiée en changeant la largeur du matériau composite. En effet, les coefficients des champs démagnétisants, coefficients qui interviennent dans la détermination de la fréquence de résonance gyromagnétique du composite, dûs au flux hyperfréquence pénétrant le matériau magnétique sont des fonctions des dimensions géométriques de la structure de propagation.

III. RÉSONATEURS COUPE-BANDE AJUSTABLES EN FREQUENCE

Dans ce paragraphe, deux résonateurs coupe-bande agiles en fréquence par application d'un champ magnétique extérieur ont été réalisés en utilisant d'une part, la résonance gyromagnétique et d'autre part, la non-linéarité de la perméabilité au champ statique.

1   L'ABSORPTION GYROMAGNETIQUE

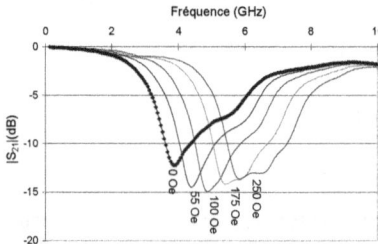

Figure V. 9: Amplitude des pertes d'insertion de la structure de propagation pour diverses valeurs de champ magnétique statique

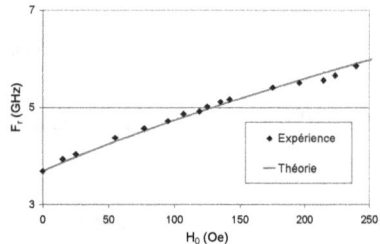

Figure V. 10: Comparaison entre les fréquences de résonance gyromagnétiques mesurées et théoriques en fonction du champ appliqué

Un composite ferromagnétique lamellaire LIFT (25 mm×2 mm×0.635 mm) a été inséré dans une ligne microruban de substrat mousse (Figure V. 1). La concentration en matière ferromagnétique est de 2.51%. L'application d'un champ magnétique statique de 250 Oe dans la direction de propagation de l'onde déplace la fréquence de résonance gyromagnétique de 3.6 GHz à 6 GHz, soit une agilité de 67% (Figure V. 9).

La fréquence de résonance gyromagnétique est contrôlée par l'application du champ magnétique. Une comparaison (Figure V. 10) a été réalisée entre les valeurs de fréquences gyromagnétiques mesurées et théoriques données par l'équation suivante :

$$f_r = \gamma \cdot \sqrt{\left(H_0 + H_{an} + (qN_x - qN_z)4\pi M_S\right)\left(H_0 + H_{an} + \left(1 - q.\left(1 - N_y\right) - qN_z\right)4\pi M_S\right)} \qquad Eq.\,V\text{-}4$$

La bande d'atténuation dûe à la résonance gyromagnétique est de plusieurs gigahertzs. Cette bande de fréquence peut être réduite par l'utilisation d'un substrat hôte de plus fort indice. Ainsi, un facteur de qualité plus élevé pourra être obtenu. Par ailleurs, cette bande dépend de l'intensité du champ magnétique appliqué. L'expérience montre qu'elle se dégrade avec l'application du champ.

2 *LA PERMEABILITE HYPERFREQUENCE*

Une alternative à l'utilisation de la résonance gyromagnétique pour réaliser une fonction coupe-bande est l'exploitation de la non-linéarité de la perméabilité au champ appliqué. Pour cela, un stub microruban en circuit ouvert a été réalisé. Le composite LIFT (25 mm×3.2 mm×0.635 mm) est placé sous le ruban en dérivation (Figure V. 11). L'axe de facile aimantation est dirigé selon la direction de propagation. La largeur du ruban est de 3.3 mm. Pour accentuer l'effet de la variation rapide de la perméabilité, le stub a été dimensionné à la fréquence de 1.8 GHz lorsque le matériau est dans un état proche de la saturation. De ce fait, sans champ appliqué la perméabilité du matériau est élevée.

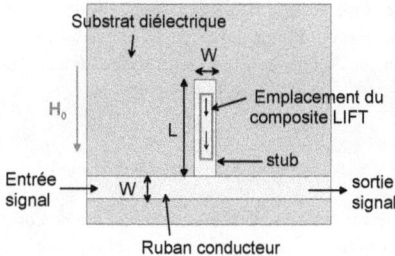

Figure V. 11: Vue de dessus du résonateur stub avec le composite LIFT inséré

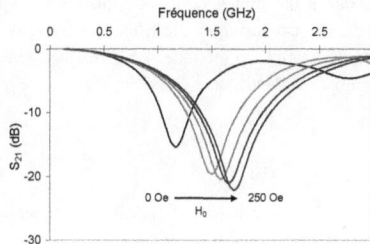

Figure V. 12: Paramètre de transmission du résonateur pour différentes valeurs de champ magnétique

L'évolution en fréquence du paramètre de transmission en fonction de différentes valeurs de champ magnétique est représentée à la figure ci-dessus (Figure V. 12). Sans champ appliqué, la fréquence de coupure est mesurée à 1.17 GHz. L'application de 250 Oe déplace cette fréquence de coupure jusqu'à 1.71 GHz. La fréquence est quelque peu différente de celle attendue. Cela peut être dû aux champs démagnétisants engendrés par la longueur finie du composite.

La particularité intéressante de cette variation est le fort décalage de la fréquence de coupure pour de faibles valeurs de champ magnétique. La figure ci-dessous (Figure V. 13) présente la variation de cette fréquence en fonction du champ appliqué. Elle est favorablement comparée à la variation obtenue théoriquement à partir de l'expression suivante :

$$\Delta f_c = \frac{c}{4.L.\sqrt{\varepsilon_{reff}}} \cdot \left(\frac{1}{\sqrt{\mu_{reff}(H_0)}} - \frac{1}{\sqrt{\mu_{reff}(H_0 = 0)}} \right) \qquad Eq.\,V\text{-}5$$

Où L représente la longueur du matériau, et c la célérité de la lumière dans le vide.

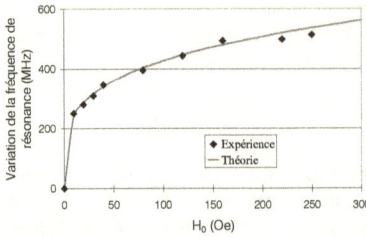

Figure V. 13: Déplacement de la fréquence de résonance en fonction du champ appliqué

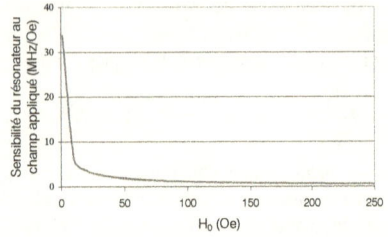

Figure V. 14: Sensibilité du résonateur stub au champ appliqué

La variation est importante pour des champs magnétiques inférieurs à 100 Oe. En effet, une variation de 400 MHz est obtenue pour un champ magnétique de 80 Oe appliqué dans la direction de facile aimantation des couches ferromagnétiques, soit une variation relative de 34 %.

Un paramètre important à prendre en compte est la sensibilité de la fonction hyperfréquence [132]. Elle mesure la variation de la fréquence de résonance en fonction du champ appliqué (Eq.V- 6). Cette grandeur indique la zone où la variation est la plus rapide. Pour le composite LIFT, cette zone correspond à de faibles valeurs de champ appliqué. Cela représente un avantage considérable d'un point de vue économique. En effet, il n'est pas nécessaire d'aimanter le composite avec de fortes valeurs de champ magnétique. Le dispositif générateur de champ est alors moins volumineux et la consommation électrique plus faible.

$$s = \frac{d\Delta f_c}{dH_0}$$

Eq.V- 6

L'influence du champ magnétique est quasi-négligeable sur la bande de fréquence de coupure contrairement à la fonction réalisée en utilisant la résonance gyromagnétique. En effet, cette bande varie de 160 MHz à 190 MHz avec le champ.

IV. RESONATEUR A SAUT D'IMPEDANCE AGILE EN FREQUENCE

1 MOTIVATION

Dans les systèmes de télécommunications, un des principaux inconvénients des filtres hyperfréquences est les remontées parasites. Les filtres à résonateurs à saut d'impédance (SIR : *Stepped Impedance Resonator*) ont été initialement développés par Makimoto *et al.* [133],[134] Leur principal intérêt réside dans leur flexibilité de mise en œuvre, et particulièrement la possibilité de s'affranchir en partie de contraintes technologiques en s'assignant un rapport d'impédances caractéristiques entre sections adjacentes facilement synthétisables. Il a été montré que l'utilisation de résonateurs à saut d'impédance non-conventionnels, i.e. avec une décomposition aléatoire des résonateurs, ouvrait des perspectives nouvelles pour ces filtres, tant au niveau du contrôle des remontées parasites qu'en terme de maîtrise des pertes et effets parasites. Ces différentes propriétés sont utilisées pour la conception du filtre à résonateur à saut d'impédance en choisissant judicieusement la position de la remontée parasite afin qu'elle coïncide avec la résonance gyromagnétique du matériau LIFT décrit précédemment. De ce fait, il est possible de réaliser un filtre à fréquence variable tout en maîtrisant les premières remontées parasites.

2   MODELISATION CLASSIQUE

Se basant sur les travaux de S. Denis [135], un filtre a été dimensionné sur un substrat d'Arlon (ε_r=2.25). La permittivité du substrat est la même que celle du composite ferromagnétique afin de diminuer l'effet des discontinuités électromagnétiques sur les caractéristiques de répartition du filtre passe-bande.

Un composite LIFT (8 mm×1 mm×0.508 mm) est inséré dans le substrat au niveau du résonateur central demi-onde entre les deux zones de couplage (Figure V. 15). Les dimensions du résonateur ont été choisies pour avoir une bande passante de 5 % à 1.95 GHz dans l'état saturé du matériau. Le conducteur central a une impédance de 60 Ω de manière à avoir la résonance gyromagnétique au niveau de la première remontée parasite.

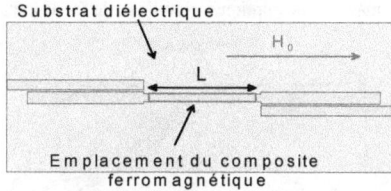

Figure V. 15: Vue de dessus du résonateur à saut d'impédance avec le composite LIFT inséré

L'emploi de substrats magnétiques dans les simulations hyperfréquences est permise avec le logiciel commercial Agilent ADS 1.3. Les simulations du résonateur chargé du composite montrent une agilité de la fréquence centrale de la fonction passe-bande de 97% entre les deux états limites d'aimantation. En effet lorsque le composite n'est soumis à aucun champ extérieur, la fréquence centrale se trouve à 0.99 GHz et à 1.957 GHz lorsque le matériau est saturé (Figure V. 16). Les pertes d'insertion simulées du dispositif sont respectivement de 2.4 dB et de 2.17 dB.

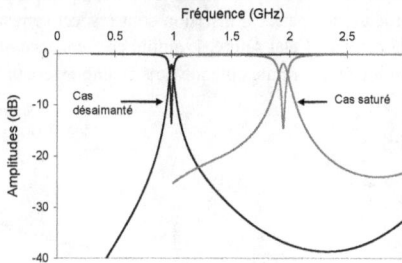

Figure V. 16: Simulation des paramètres de répartition du résonateur SIR pour deux états d'aimantation : état désaimanté
(μ_a=9.5) et état saturé (μ_a=1)

3   PARAMETRES DE REPARTITION

Afin de diminuer la taille du résonateur et de faciliter l'aimantation du dispositif, le résonateur à été replié (Figure V. 17).

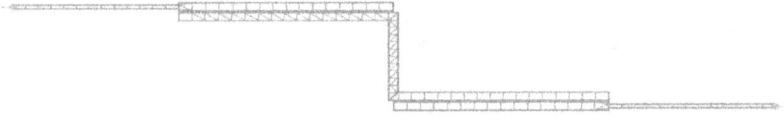

Figure V. 17: Layout du résonateur demi-onde

Les mesures à l'analyseur de réseau des paramètres de répartition du SIR en fonction de différentes valeurs du champ magnétique appliqué selon l'axe de facile aimantation sont les suivantes :

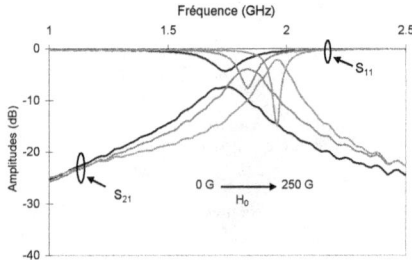

Figure V. 18: Evolution sous champ du SIR ($H_0=0$ G ; $H_0=50$ G ; $H_0=250$ G)

Les résultats sont totalement différents de ceux attendus par la simulation. La fréquence centrale du résonateur, sans champ appliqué, est de 1.72 GHz au lieu de 0.99 GHz. Lorsque le composite est saturé par le champ magnétique, le fréquence de résonance est comparable à celle attendue : 1.96 GHz au lieu de 1.95 GHz. Par ailleurs, les pertes d'insertion sont respectivement de 7.42 dB sans champ extérieur appliqué et de 2.23 dB dans l'état saturé. L'agilité en fréquence obtenue est de 12.2 %, soit 240 MHz, en référence à la fréquence centrale obtenue sans champ extérieur (f_c=1.72 GHz).

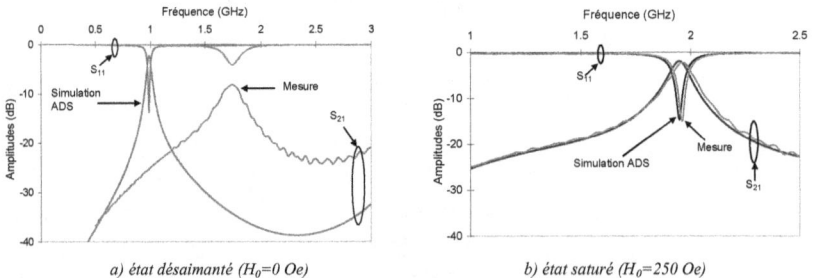

a) état désaimanté ($H_0=0$ Oe)   *b) état saturé ($H_0=250$ Oe)*

Figure V. 19: Comparaison des paramètres de répartition du SIR entre la simulation ADS et la mesure

L'origine de l'écart constaté entre les fréquences centrales mesurée et simulée est dûe à la non-prise en compte du caractère dispersif du matériau magnétique. Pour prédire simplement le comportement en fréquence des dispositifs micro-ondes utilisant des composites ferromagnétiques lamellaires, l'analyse électromagnétique réalisée au chapitre précédent doit être utilisée dans la simulation. Les paramètres de répartition de la portion de ligne microruban chargée du composite sont déterminés de manière théorique en fonction des dimensions géométriques et du substrat environnant. Ensuite, ces données sont insérées, sous forme de fichier, dans le logiciel électromagnétique, Agilent ADS, permettant la simulation de la réponse électrique du résonateur. Dans le cas désaimanté, la comparaison des paramètres de répartition du résonateur SIR mesurés et simulés en utilisant l'analyse électromagnétique montre une bonne concordance (Figure V. 20). Les fréquences centrales sont identiques. Cependant, une différence importante apparaît sur les niveaux des paramètres. Ces écarts peuvent être engendrés par le modèle de perméabilité choisi. Cette différence avait déjà été constatée lors de la caractérisation hyperfréquence et de la comparaison des paramètres de répartition de la ligne microruban.

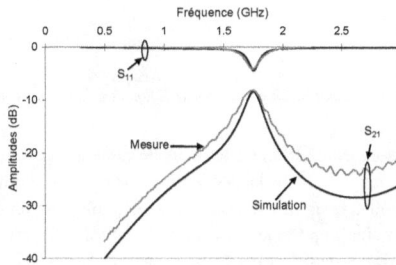

Figure V. 20: Comparaison entre les paramètres de répartition du SIR mesurés et simulés par l'approche électromagnétique

L'évolution de la fréquence centrale en fonction du champ appliqué est reportée sur le graphe ci-dessous.

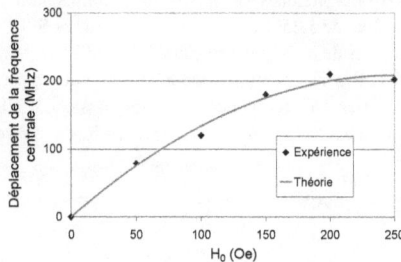

Figure V. 21: Sensibilité de la fréquence centrale du résonateur demi-onde au champ magnétique appliqué

Le graphe montre un bon accord entre les fréquences centrales calculées théoriquement et celles mesurées. Cependant, la pente de la courbe est plus faible que celle obtenue avec le stub. L'origine de l'inclinaison de la courbe est la présence de champs démagnétisants plus importants pour le résonateur SIR que pour le stub. En effet, la longueur du composite ferromagnétique lamellaire est bien inférieure pour le résonateur demi-onde que pour le stub. L'utilisation d'un matériau plus long engendrerait une augmentation de l'agilité en fréquence du dispositif ainsi qu'une plus forte sensibilité au champ appliqué.

4 OPTIMISATION ET EVOLUTION DU RESONATEUR SIR

Une optimisation du résonateur a été réalisée en utilisant l'approche magnétique développée précédemment. Les paramètres de répartition du SIR sur un substrat de permittivité relative de 5 sont représentés à la figure ci-dessous.

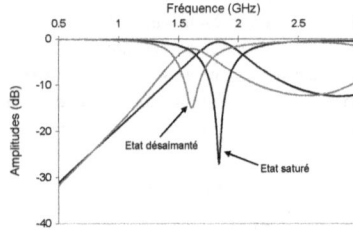

Figure V. 22: Optimisation du résonateur demi-onde SIR pour un substrat de permittivité $\varepsilon_r=5$

Les simulations des résonateurs SIR entre les états désaimantés et les états saturés du composite ferromagnétique, états entre lesquels seule la perméabilité varie sous l'effet du champ magnétique appliqué, permettent de prévoir une agilité comparable à celle obtenue précédemment (12.5%) mais avec des pertes d'insertion moins importantes. En effet, le niveau de pertes simulé est de 2.1 dB à l'état désaimanté (f_c=1.60 GHz) et de 0.65 dB à l'état saturé (f_c=1.85 GHz). L'adaptation du filtre est alors de −15 dB.

La réalisation d'un filtre de deuxième ordre de type SIR donne un degré de liberté supplémentaire lors de la conception, le couplage entre les deux résonateurs, qui permet une meilleure maîtrise des pertes d'insertion dans la bande passante. Une modélisation d'un tel filtre a été réalisée en insérant deux composites ferromagnétiques de même longueur (8 mm) dans les résonateurs. Le substrat a une permittivité relative de 3.25. Les simulations des filtres SIR entre les deux états limites d'aimantation montrent une agilité de la fréquence centrale de 120 MHz (9.2%). Les pertes d'insertion sont respectivement de 3.425 dB sans champ extérieur et 1.185 dB lorsque le matériau est saturé. L'adaptation du filtre reste inférieure à -15 dB dans la bande passante. Celle-ci reste quasi-constante (ΔF= 330 MHz) avec le déplacement de la fréquence centrale en fonction du champ appliqué.

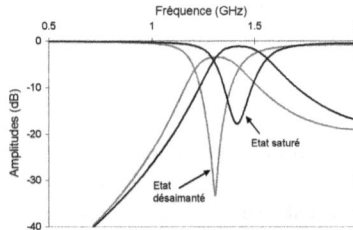

Figure V. 23: Paramètres de répartition simulés d'un filtre SIR d'ordre 2 dans les cas où le composite se trouve dans l'état désaimanté (μ_a=9.5) et dans l'état saturé (μ_a=1)

V. CONCLUSION DU CHAPITRE V

Au cours de ce chapitre, l'agilité en fréquence ou en phase de dispositifs hyperfréquences par l'utilisation de composites ferromagnétiques lamellaires intégrés dans des substrats diélectriques a été démontrée par la réalisation de démonstrateurs micro-ondes de fonctions de déphasage ou de filtrage. En comparaison aux différents travaux utilisant des ferrites, l'originalité de ce travail est l'utilisation de la perméabilité hyperfréquence du composite avant la résonance gyromagnétique. Ceci a été rendu possible par la spécificité de la technique d'élaboration qui n'engendre pas de pertes par relaxations de parois aux fréquences micro-ondes. La particularité de ces fonctions hyperfréquences est leur forte sensibilité aux faibles valeurs de champ magnétique extérieur.

Pour permette la réalisation des dispositifs, un outil de simulation a été développé permettant d'approcher l'évolution en fréquence des dispositifs en fonction des caractéristiques géométriques de la structure de propagation et du champ magnétique appliqué. Cet outil est basé sur le calcul de la constante de propagation et de l'impédance caractéristique de la structure chargée du composite. Ces résultats ont été favorablement comparés à la mesure. Cependant, quelques différences demeurent. Une explication à cet écart entre la simulation et la mesure concerne le modèle de perméabilité utilisé. Le modèle de Bloch-Bloembergen ne semble pas adapté aux composites ferromagnétiques lamellaires. Ce modèle est valable lorsque le matériau est dans l'état saturé. Une solution serait l'emploi d'un modèle de perméabilité hyperfréquence représentant le composite dans un état quelconque d'aimantation. Avec un tel modèle, les différences entre les simulations et la mesure à l'état désaimanté seraient fortement diminuées.

Par ailleurs, afin d'améliorer les performances des dispositifs en terme d'agilité en fréquence et surtout de pertes d'insertion, un travail complémentaire est nécessaire sur les propriétés du composite lamellaire. En effet, pour des applications micro-ondes, une réduction des pertes magnétiques à la résonance et une augmentation de la permittivité du composite sont nécessaires. Cela permettrait d'une part une augmentation des coefficients de surtension des différentes fonctions, et d'autre part une réduction de la taille des circuits.

CONCLUSION GENERALE: BILAN ET PERSPECTIVES

BILAN ET PERSPECTIVES

L'ensemble des résultats théoriques et expérimentaux qui a été présenté et discuté dans cette étude a permis de démontrer les potentialités des composites ferromagnétiques lamellaires pour des applications d'agilité en fréquence ou en phase aux fréquences micro-ondes avec des champs magnétiques de commande de faible intensité. L'effort de ce travail s'est focalisé sur la mise en évidence des relations entre les propriétés électriques et magnétiques des matériaux avec les paramètres de répartition des dispositifs.

Le matériau utilisé en hyperfréquence est un composite lamellaire ferromagnétique élaboré au CEA Le Ripault. Il s'agit d'un empilement de couches minces ferromagnétiques amorphes déposées par pulvérisation cathodique au déroulé sur des substrats diélectriques mécaniquement souples. Le champ magnétique généré par le magnétron lors de la phase de dépôt impose une anisotropie uniplanaire dans les couches ferromagnétiques : la quasi-totalité des moments magnétiques est orientée colinéairement à la direction du champ magnétique statique. La conséquence principale de cette technique de dépôt est la génération de films ferromagnétiques sans parois magnétiques. Dans la suite de ce travail, c'est cette propriété qui est exploitée pour l'agilité en fréquence ou en phase des dispositifs. Après avoir étudié certaines propriétés statiques du composite ferromagnétique lamellaire intervenant sur les propriétés hyperfréquences des dispositifs (champs démagnétisants, hystérésis magnétique,…), l'attention s'est portée sur le comportement de ce milieu hétérogène aux fréquences micro-ondes. Ce matériau doit être éclairé sur la tranche avec le champ électrique radiofréquence orthogonal aux couches ferromagnétiques et le champ magnétique associé parallèle à ces mêmes couches. A partir d'une analyse électromagnétique de la propagation d'une onde dans ce milieu lamellaire, une optimisation théorique a été réalisée dans le but d'améliorer les performances électromagnétiques de ce matériau aux fréquences micro-ondes. L'étude s'est principalement focalisée sur la réduction des pertes magnétiques et électriques. Afin de faciliter la démarche scientifique de ce travail, une homogénéisation du composite a été réalisée à partir de modèles analytiques prenant en compte le caractère anisotrope du matériau ainsi que la perméabilité de celui-ci. Ainsi, le composite lamellaire est représenté par un milieu homogène de permittivité et de perméabilité apparentes ε_a et μ_a.

La caractérisation hyperfréquence de ce matériau a été l'objet de la suite de notre travail. En effet, l'obtention des spectres de perméabilité et de permittivité a permis de valider l'approche théorique adoptée dans la première partie. Par ailleurs, la structure de propagation retenue se devait de respecter plusieurs conditions. La première condition était de respecter les conditions de polarisation du composite engendrées par son anisotropie technologique. La seconde condition est d'utiliser une structure de propagation proche de celle utilisée pour les dispositifs hyperfréquences. En effet, les conditions de polarisation du matériau doivent être similaires à celles des dispositifs afin de mettre en évidence les champs démagnétisants générés par le flux hyperfréquences. Pour cela, une méthode de caractérisation hyperfréquence en structure triplaque asymétrique a été mise au point. Cette structure de propagation se rapproche de la structure microruban de part son asymétrie qui concentre l'énergie micro-onde entre le ruban conducteur et le plan de masse le plus proche. Pour déterminer les propriétés hyperfréquences du matériau, une approche quasi-statique a été utilisée pour l'analyse électromagnétique de la cellule de mesure. Cette méthode testée pour des diélectriques a permis de mesurer les paramètres des composites ferromagnétiques LIFT. Par cette mesure, l'approche théorique est validée au moyen de comparaisons entre l'expérience et la théorie. La permittivité apparente du composite LIFT est mesurée à 2 et sa perméabilité relative apparente à 9.5 pour une fréquence inférieure à la fréquence de résonance gyromagnétique. La largeur à mi hauteur des pertes magnétiques mesurée est de 0.9 GHz. Par ailleurs, la mesure de la perméabilité a permis de confirmer la caractère monodomaine des films ferromagnétiques. En effet, il n'apparaît pas de contributions des relaxations des parois dans le spectre des pertes magnétiques contrairement aux ferrites. La gammes des fréquences inférieures à la fréquence gyromagnétique est exploitable pour la réalisation de dispositifs agiles par le biais d'un champ magnétique statique.

La connaissance des paramètres intrinsèques du matériau permet alors son intégration dans une structure hyperfréquence. Le mode fondamental de la structure microruban, mode quasi-TEM, permet une illumination correcte du composite lamellaire. Le matériau est alors localisé entre le ruban conducteur et le plan de masse. La largeur du composite doit être inférieure à celle du ruban pour éviter les pertes par conduction. La corrélation des propriétés de dispersion du composite et des paramètres de répartition a été étudiée. Le but de ce travail était de mettre en évidence l'influence des paramètres géométriques du matériau magnétique et du substrat et des paramètres électriques sur les pertes et sur l'agilité. Dans un premier temps, une analyse électromagnétique de la structure transverse a été réalisée. Cette analyse permet de prendre en compte les champs démagnétisants générés par le flux hyperfréquence, l'hétérogénéité de la structure transverse ainsi que le caractère dissipatif du matériau. Le résultat le plus pertinent concerne l'influence du substrat hôte sur les pertes de la structure microruban. En effet, l'utilisation d'un substrat de fort indice permet de réduire la largeur des pertes. Par ailleurs, il permet aussi d'augmenter la permittivité effective de la structure de propagation. Dans ce cas, la taille des dispositifs peut être réduite. D'autre part, les effets de l'épaisseur du substrat hôte et de la largeur du ruban conducteur ont été étudiés sur la variation de la perméabilité effective et l'impédance caractéristique de la structure de propagation. Les simulations montrent que le maximum de changement de perméabilité effective en fonction de la variation de la perméabilité apparente du composite est obtenu pour des substrats de faibles épaisseurs et des lignes microrubans de faible impédance caractéristique.

Ayant mis en place les différents outils nécessaires pour la réalisation des dispositifs, les potentialités du composite ferromagnétique lamellaire ont été éprouvées pour la réalisation des dispositifs ajustables par le biais d'un champ magnétique extérieur. L'originalité de ce travail est l'utilisation de la perméabilité hyperfréquence pour des fréquences inférieures à celle de la résonance gyromagnétique car il n'y a pas de relaxation de parois. Ainsi, pour un champ magnétique appliqué de 250 Oe, un déphaseur présente une figure de mérite de 29 deg/dB à 3GHz, la fréquence de coupure d'un stub microruban varie de 46 % à partir de 1.17 GHz et la fréquence centrale d'un résonateur microruban à saut d'impédance se décale de 12 % à partir de 1.72 GHz. L'utilisation de ce type de matériaux aux fréquences micro-ondes à des fréquences où le niveau de perméabilité est élevé induit une forte sensibilité des circuits aux faibles valeurs de champ magnétique appliqué. Par ailleurs, la réalisation de ces dispositifs a permis de valider la démarche suivie tout au long de cette étude par la concordance des résultats expérimentaux et simulés. Cependant, les performances électriques des circuits sont à améliorer.

Afin de poursuivre ce travail, une optimisation des propriétés intrinsèques du composite ferromagnétique lamellaire est nécessaire. En effet, les performances des dispositifs réalisés dépendent fortement de celles du composite, notamment au niveau des pertes d'insertion des circuits. Une augmentation de la fréquence de résonance du matériau, une réduction des pertes magnétiques à la résonance ainsi qu'un accroissement de la permittivité du matériau sont les points qui paraissent essentiels à travailler. Par ailleurs, l'étude devra se focaliser sur le modèle de perméabilité du composite. En effet, le modèle de Bloch-Bloembergen utilisé est valable pour un milieu saturé : tous les moments magnétiques sont dirigés dans la direction du champ statique. Une approche différente prenant en compte les différents états d'aimantation du matériau ainsi que les différentes interactions devra être utilisée. Cela pourra permettre de réduire les différences entre les réponses électriques simulées et mesurées des dispositifs.

Les résultats obtenus avec ce type de composites ferromagnétiques laissent entrevoir de nouvelles perspectives de recherche sur les matériaux pour des applications hyperfréquences. Le principal inconvénient des dispositifs hyperfréquences à base de matériaux magnétiques se situe au niveau du système d'aimantation. Ce système est volumineux car généralement basé sur la circulation de courants dans des bobines. Une alternative à cet encombrement spatial serait la substitution des bobines par un système de commande par contrainte mécanique. Pour cela, l'emploi de composites ferromagnétiques lamellaires magnétoélastiques est nécessaire [69],[70]. Des matériaux piézoélectriques contrôlés par un champ électrique permettrait de réaliser le dispositif de commande. La déformation de ces matériaux induite par une différence de potentiel engendrerait une contrainte mécanique sur le matériau magnétique. Ainsi, le champ magnétique interne pourrait varier. Une autre thématique de recherche à explorer est l'utilisation de matériaux combinant une perméabilité variable et une permittivité ajustable [136]. Cette classe de matériaux permettrait de garder une impédance caractéristique constante tout en faisant varier la constante de phase.

BIBLIOGRAPHIE GENERALE DU MEMOIRE

BIBLIOGRAPHIE GÉNÉRALE

[1]   S.A. Wolf, D. Treger, « Frequency Agile Materials for Electronics- Progress in the DARPA Programm, » Integrated Ferroelectrics, Vol. 42, pp. 39-55,2002

[2]   http://www.mrs.org/

[3]   F. Mahé, *Thèse de doctorat*, « Contribution à la modélisation de filtres à caractéristiques variables pour les systèmes de communication, » n° 731, 2000

[4]   J. Lin, C.Chi-Yang, Y. Yamamoto, T. Itoh, « Progress of a tunable active bandpass filter », *Ann. Télécommun.* Vol. 47, n°11-12, pp. 499-507,1992

[5]   G.K. Gopalakrishnan, K. Chang, « Bandpass Characteristics of split-modes in asymmetric ring resonators, » *Electronics Letters*, Vol.26, n°12, pp. 774-775, 7th June 90

[6]   H. Chien-Hsun, K. Chang, « Slotline Annular Ring Elements and their applications to resonators, filters and coupler design, » *IEEE Trans. On Microwave theory and Tech.*, Vol. 41, n°9, pp. 1648-1950, sept. 1993

[7]   G.K. Gopalakrishnan, K. Chang, « Novel Excitation schemes for the microstrip ring resonator with lower insertion loss », *Electronics Letters*, Vol. 30, n°2, pp. 148-149, 20th January 94

[8]   L. Shih-Lin, A.M. Ferendeci, « Varactor tuned ring resonator microwave oscillator », *Electronics Letters*, Vol.32, n°1, pp.46-48, 4th January 1996.

[9]   S.H. Al-Charchafchi, C.P. Dawson, « Varactor tuned ring resonator », *IEE Proceedings*, Vol. 136, n°2, pp. 165-168, April 1989

[10]   S.T. Martin, F. Wang, K. Chang, « Theorical and experimental investigation of novel varactor-tuned switchable microstrip ring resonator circuits , » *IEEE Trans. On Microwave theory and Tech.*, Vol. 36, n°12, pp. 1733-1739, Dec. 1988

[11]   K. Chang, S. Martin, F. Wang, L.J. Klein, « On the study of microstrip ring and varactor-tuned ring circuits, » *IEEE MTT-S Digest*, pp. 941-944, 1992

[12]   M. Makimoto, M. Sagawa, « Varactor Tuned Bandpass filters using microstrip line ring resonators, » *IEEE MTT-S Digest*, pp. 411-414, 1986

[13]   D. Auffray, J-L. Lacombe, « Electronically tunable bandstop filter , » *IEEE MTT-S digest*, pp.439-442, 1998

[14]   A.R. Brown and G.M. Rebeiz, " A varactor-Tuned RF Filter," *IEEE Trans. On Microwave Theory and Tech.*, Vol. 48, n°7, pp. 1157-1160, July 2000

[15]   I.C.Hunder, J.D. Rhodes, « Electronically tunable microwave bandpass filter, » *IEEE Trans. On Microwave Theory and Tech.*, Vol. 30, n°9, pp. 1354-1360, Sept. 1982

[16]   Y.H. Shu, J.A. Navarro, K. Chang, « Electronically Switchable and Tunable Coplanar Waveguide-Slotline Band-Pass Filters, » *IEEE Trans. On Microwave Theory and Tech.*, Vol. 39, n°3, pp. 548-554, March. 1991

[17]   Y. Liang, S. Kumar, « Electronically tunable Microstrip Combline Filter, » *Can. J. Elect. & Eng.*, Vol. 15, n°3, pp.123-128,1990

[18]   B. Virdee, « Novel electronically tunable DR band-stop filter, » *IEEE MTT-S int. Microwave and Optoelectronics Conference Proceedings*, New York, USA, Vol. 2, pp. 569-574, 24-27 July 1995

[19]   L.A. Trinogga, A.J. Fox, « Invasive Varactor Tuning of dielectric resonator filters, » *26th EuMC*. 9-12 September 1996, Prague, pp. 163-164

[20]   A.J. Fox, L.A. Trinogga, « The electronic Tuning and analysis of a slotted dielectric resonator filter, » *Proceedings of the 1996 Int. Symp. On Antennas and propagation*, Japan, Vol.4, pp. 949-952

[21]   S. Toyoda, « Variable bandpass filters using varactor diodes, » *IEEE Trans. On Microwave Theory and Tech.*, Vol. 30, n°9, pp. 1354-1360, Sept. 82

[22]   S. Toyoda, « Microstrip variable band-pass filters on the AsGa Substrate, » *IEEE MTT-S Digest*, 1980, pp.153-155

[23]   A.S. Nagra, R.A. York, "Distributed Analog Phase Shifters with low Insertion Loss," *IEEE Trans. On Microwave Theory and Tech.*, Vol. 47, n°9, pp. 1705-1711, Sept. 1999

[24]   F. Ellinger, R. Vogt, W. Bächtold, "Ultra Compact, Low loss, Varactor Tuned Phase Shifter MMIC at C-Band," *IEEE Microwave and Wireless Components Letters*, Vol. 11, n°3, pp. 104-105, March 2001

[25]   K.Maruhashi, H. Mizutani, K. Ohuta, "Design and Performance of a Ka-Band Monolithic Phase Shifter Utilizing Nonresonant FET Switches," *IEEE Trans. On Microwave Theory and Tech.*, Vol. 48, n°8, pp. 1313-1317, August 2000

[26]   P.R. Shepherd, M.J. Cryan, "Schottky Diodes for Analog Phase Shifters in GaAs MMIc's," *IEEE Trans. On Microwave Theory and Tech.*, Vol. 44, n°11, pp. 2112-2116, Nov. 19996

[27]   M.E. Golfarb, A. Platzker, "A Wide Range Analog MMIC Attenuator with Integral 180° Phase Shifter," *IEEE Trans. On Microwave Theory and Tech.*, Vol. 42, n°1, pp. 156-158, Jan. 1994

[28]   F. Biron, L. Billonet, B. Jarry, P. Guillon, G. Tanné, E. Rius, F. Mahé, S. Toutain, "Microstrip and Coplanar Band-Pass Filters Using MMIC Negative Resistance Circuitsfor Insertion Losses Compensation and Size Reduction," *1999 IEEE-Russia Conference:MIA-ME'99*, pp. II.1-II.6

[29]   P. Blondy, A. Pothier, C. Champeaux, P. Tristant, A. Catherinot, E. Fourn, G. Tanné, E. Rius, C. Person, F. Huret, "Tunable interdigital coplanar filters using MEMS capacitors," *Proc. 32nd European Microwave Conference*, Milan, 23-26 septembre 2002.

[30]   E. Fourn, C. Quendo, E. Rius, G. Tanné, C. Person, F. Huret, P. Blondy, A. Pothier, C. Champeaux, P. Tristant, A. Catherinot, "Bandwidth and Central Frequency Tunable Bandpass Filter", *Proc. 32nd European Microwave Conference*, Milan, 23-26 septembre 2002

[31]   D. Mercier, P. Blondy, D. Cros, S. Verdeyme, P. Guillon, B. Guillon, L. Bastere, "Filtres accordables à base de micro-commutateurs distribués sur une ligne coplanaire," *12ème Journées Nationales Micro-ondes*, Poitiers, 16-18 Mai 2001

[32] G.M. Rebeiz, Guan-Leng Tan; J.S Hayden, "RF MEMS phase shifters: design and applications," *IEEE Microwave Magazine* , Vol. 3, Issue: 2, pp. 72-81, June 2002

[33] G.M. Rebeiz, J.B. Muldavin, " RF MEMS switches and switch circuits," *IEEE Microwave Magazine* , Vol. 2, Issue: 4, pp. 59-71, Dec. 2001

[34] J.S. Hayden, G.M. Rebeiz, "Low-loss Cascadable MEMS Distributed X-Band Phase Shifters," *IEEE Microwave and Guided Wave Letters*, Vol. 10, n°4, pp. 142-144, April 2000

[35] N.S. Barker, G.M. Rebeiz," Distributed MEMS true-time delay phase shifters and wide-band switches," *IEEE Trans. On Microwave Theory and Tech.*, Vol. 46, n°11, pp. 1881-1889, Nov. 1998

[36] P. Cheung, D.P. Neikirk, T. Itoh, " Optically Controlled Coplanar Waveguide Phase Shifters, " *IEEE Trans. On Microwave Theory and Tech.*, Vol. 38, n°5, pp. 586-595, May 1990

[37] J. Haidar, M. Bouthinon, A. Vilcot, " A New Optoelectronic Technique For Microwave Passive Structure Tuning, " *IEEE MTT-S International Microwave Symposium*, TH-2D, pp. 1437-1440, San Francisco, June 1996

[38] J-D. Arnould, A. Vilcot, G. Meunier, " Toward a Simulation of an Optically Controlled Microwave Microstrip Line at 10 GHz, " *IEEE Trans. On. Magnetics*, Vol. 38, N° 2, pp. 681-684, March 2002

[39] M.S. Islam, A.J. Tsao, V.K. Reddy, D.P. Neikirk, " GaAs on Quartz Coplanar Waveguide Phase Shifter," *IEEE Micr. And Guided Wave Letters*, Vol. 1, N° 11, pp. 328-330, Nov. 1991

[40] V. Le Houé, *Thèse de Doctorat, Spécialité Electronique*, " Application des cristaux liquides et des ferrites pour la réalisation de dispositifs agiles en fréquence," n° 653, Université de Bretagne Occidentale, 1999

[41] F. Guérin, J-M. Chappe, P. Joffre, D. Dolfi, " Modeling, Synthesis and Characterization of a Millimeter-Wave Multilayer Microstrip Liquid Cristal Phase Shifter," *Jpn. J. Appl. Phys.*, Vol. 36 (7A), pp. 4409-4413, July 1997

[42] D. Dolfi, M. Labeyrie,P. Joffre, J.P. Huignard, " Liquid Crystal Microwave Phase Shifter," *Electronics Letters*, Vol. 29, n°10, pp. 926-928, May 1993

[43] B. Spingart, N. Tentillier, F. Huret, C. Legrand, " Liquid Crystals Applications to R.F. and Microwave Tunable Components," *Molecular Crystals and Liquid Crystals*, Vol. 368, pp. 183-190, 2001

[44] N. Tentillier, B. Spingart, F. Huret, P. Kennis, C. Legrand, " Nouvelles Structures de Déphaseurs Agiles en Fréquence à Substrat Cristal Liquide," *12èmes Journées Nationales Micro-ondes*, 6B1, Poitiers, 16-18 Mai 2001

[45] N. Martin, N. Tentillier, B. Spingart, C. Legrand, P. Laurent, F. Huret, P. Gelin, « Electrically Tunable Microwave Components Using Liquid Crystals," *European Microwave Conference*, Milan, 26-28 September 2002

[46] T. Kuki, H Fujikake, H. Kamoda, T. Nomoto, " Microwave Variable Delay Line Using a Membrane Impregnated with Liquid Crystal," *IEEE MTT-S International Microwave*

Symposium, TU4E-4, Seattle, WA, June 2001

[47] S.S. Gevorgian, E.L. Kollberg, " Do we really Need Ferroelectris in Paraelectric Phase Only in Electrically Controlled Microwave Devices?," *IEEE Trans. On Microwave Theory and Tech.,* Vol. 49, n°11, pp. 2117-2124, Nov. 2001

[48] R.R. Romanofsky, J.T. Bernhard, F.W. Van Keuls, F.A. Miranda, G. Washington, C. Canedy, "K-Band Phased Array Antennas Based on Ba0.60Sr0.4TiO3 Thin-Film Phase Shifters," *IEEE Trans. On Microwave Theory and Tech.,* Vol. 48, n°12, pp. 2504-2510, Dec. 2000

[49] G. Subramanyam, F.A. Miranda, F.W. Van Keuls, R.R. Romanofsky, C.L. Canedy, S. Aggarwal, T. Venkatesan, R. Ramesh, " Performance of a K-Band Voltage-Controlled Lange Coupler Using a Ferroelectric Tunable Microstrip Configuration," *IEEE Microwave and Guided Wave Letters,* Vol. 10, n°4, pp. 136-138, April 2000

[50] A. Tombak, "Radio Frequency Application of Barium Strontium Titanate Thin Film Tunable Capacitors," *Master thesis* of the North Carolina State University, Raleigh, 2000

[51] Site de la NASA, Glenn Research Laboratory: http://gltrs.grc.nasa.gov/

[52] F.A. Miranda, G. Subramanyam, F.W. Van Keuls, R.R. Romanofsky, J.D. Warner, C.H. Muller, " Design and Development of Ferroelectric Tunable Microwave Components for Ku- and K-Band Satellite Communication Systems," *IEEE Trans. On Microwave Theory and Tech.,* Vol. 48, n°7, pp. 1181-1189, July. 2000

[53] F.W. Van Keuls, R.R. Romanofsky, D.Y. Bohman, F.A. Miranda, " Influence of the biaising scheme on the performance of Au/SrTiO3/LaAlO3 thin film conductor/ferroelectric tunable ring resonator," *Integrated Ferroelectrics.,* Vol. 22, pp. 883-892, 1998

[54] F. De Flaviis, N. G. Alexopoulos, O. M. Stafsudd, "Planar Microwave Integrated Phase-Shifter Design with High Purity Ferroelectric Material", *IEEE Trans. Microwave Theory Tech.,* Vol. 45, pp. 963-969, June. 1997

[55] R.R. Romanofsky, A.H. Qureshi, « A Theoretical Model for Thin Film Ferroelectric Coupled Microstripline Phase Shifters, » *IEEE Trans. On Magn.,* Vol. 36, n°5, pp. 3491-3494, Sept. 2000

[56] D.E. Oates, A. Piqué, K.S. Harshavardhan, J. Moses, F. Yang, G. F. Dionne, « Tunable YBCO Resonators on YIG Substrate, » *IEEE Transactions on Applied Superconductivity,* Vol. 7, N°2, June 1997, p. 2338-2342

[57] G.F. Dionne, D.E. Oates, « Tunability of Microstrip Ferrite Resonator in the Partially Magnetized State, » *IEEE Transactions on Magnetics,* Vol. 33, N°5,september 1997, p. 3421-3423

[58] D.E. Oates, G.F. Dionne, « Magnetically Tunable Superconducting Resonators and Filters, » *IEEE Transactions on Applied Superconductivity,* Vol. 9, N°2, June 1999, p. 4170-4175

[59] G. F. Dionne and D. E. Oates "Magnetic design for low-field tunability of microwave ferrite resonators", *Journal of Applied Physics,* Vol. 85, n°8, pp. 4856-4858, 15 April 1999

[60] V.S. Liau, T. Wong, W. Stacey, S. Ali, E. Schloemann, " Tunable Band-Stop Epitaxial Fe Film

on GaAs," *IEEE MTT-S Digest*, pp. 957-960, 1991

[61]   C.S. Tsai, J. Su, C.C. Lee, " Wideband Electronically Tunable Microwave Bandstop Filters Using Iron Film-Gallium Arsenide Waveguide Structure," *IEEE Trans. On Magn.*, vol. -35, pp. 3178-3180, Sept. 1999.

[62]   N. Cramer, D. Lucic, R.E. Camley, Z. Celinski, « High Attenuation Tunable Microwave Notch Filters Utilizing Ferromagnetic resonance,» *Journal of Applied Physics*, Vol. 87, N°9, 1 May 2000, p. 6911-6913

[63]   I. Huynen, G. Goglio, D. Vanhoenacker, and A. Vander Vorst, "A novel nanostrutured microstrip device for tunable stopband filtering applications at microwaves," *IEEE Microwave and Guided Wave Letters*, Vol. 9 (10), pp. 401-403, October 1999

[64]   C.R. Boyd, " Selected Topics on Reciprocal Ferrite Phase Shifter Design," *IEEE MTT-S International Microwave Symposium, Workshop on Future Trends in Ferrite Devices and Technology*, WMD, Boston, MA, June 2000

[65]   S.Bolioli, H. Benzina, H. Bd, B. Chan, " Centimeter-Wave Microstrip Phase Shifter on a Ferrite-Dielectric Substrate," *IEEE Trans. Microwave Theory Tech.*, vol. MTT-37, pp. 698-705, April 1989

[66]   S.W. Kirchoefer, " Ferroelectrics Combined with Ferrites," *IEEE MTT-S International Microwave Symposium, Workshop on Ferroelectric Materials and Microwave Applications*, WFE, Boston, MA, June 2000

[67]   A. Anderson, D. Oates, G. Dionne, " Ferroelectrics with Ferrites and High Temperature Superconductors," *IEEE MTT-S International Microwave Symposium, Workshop on Ferroelectric Materials and Microwave Applications*, WFE, Boston, MA, June 2000

[68]   G.F. Dionne, D.E. Oates, D.H. Temme, J.A. Weiss, " Ferrite-Superconductor Devices for Advanced Microwave Applications," *IEEE Trans. Microwave Theory Tech.*, vol. MTT-44 (7), pp. 1361-1368, July 1996

[69]   A. Ludwig, M. Löhndorf, M. Tewes, E. Quandt, " Magnetoelastic thin films for high-frequency applications," *IEEE Trans. On Magn.*, vol. 37(4), pp. 2690-2692, July 2001

[70]   A. Ludwig, M. Tewes, S. Glasmachers, M. Löhndorf, E. Quandt, " High-frequency magnetoeleastic materials for remote-interrogated stress sensors," *J. of Magnetism and Magnetic Materials*, Vol. 242-243 (2), pp. 1126-1131, April 2002

[71]   M. Pardavi-Horvath, " Microwave Applications of Soft Ferrites," *Journal of Magnetism and Magnetic Materials*, Vol. 215-216, pp. 171-183, 2000

[72]   André Michel, « Phénomènes Magnétiques et Structures, » Collection de Monographies de Chimie, Masson et Cie, Editeurs

[73]   P. Talbot, A.-M. Konn, C. Brosseau, "Caractérisation électromagnétique de matériaux composites nanométriques à base d'oxydes métalliques," *JCMM Toulouse*, Mars 2002

[74]   M. Pardavi-Horvath, "Characterization of nanostructured magnetic materials," *Journal of Magnetism and Magnetic Materials*, Vol. 203, pp. 57-59, 1999

[75]   M. Pardavi-Horvath, "Ferromagnetic Resonance Relaxation in Reaction Milled and Annealed Fe-Zn Nanocomposites," *IEEE Transactions on Magnetics*, Vol. 35, n°5, pp. 3502-3504, Septembre 1999

[76]   Ph. Toneguzzo, O. Acher, "Static and Dynamic Magnetic Properties of fine CoNi and FeCoNi Particles synthesized by the Polyol Process," *IEEE Transactions on Magnetics*, Vol. 35, n°5, pp. 3469-3471, Septembre 1999

[77]   O. Acher, A.L. Adenot, F. Lubrano and F. Duverger, " Low density artificial microwave magnetic composites," *Journal of Applied Physics*, Vol. **85** (8), pp. 4639-4641, 15 April, 1999

[78]   A. Encinas-Oropesa, M. Demand, L. Piraux, I. Huynen, U. Ebels, " Dipolar interactions in arrays of Nickel nanowires studied by ferromagnetic resonance ", *Physical Review B*, vol. 63, pp. 104415-1; 104415-6, February 15, 2001

[79]   S. Pignard, G. Goglio, I. Huynen, A. Radulescu, L. Piraux, " Ferromagnetic resonance in metallic nanowires ", *IEEE Transactions on Magnetics*, vol. 36, n°5, September 2000, pp. 3482-3484

[80]   R.E. Camley, D.L. Mills, " Theory of microwave propagation in dielectric/magnetic film multilayer structures," *J. Appl. Phys.* **82** (6), pp. 3058-3067, Sept. 1997

[81]   R.J. Astalos, R.E. Camley, " Theory of a high frequency magnetic tunable filter and phase shifter," *J. Appl. Phys.* **83** (7), pp. 3744-3749, Apr. 1998.

[82]   R.E. Camley, R.L. Stamps, " Magnetic Multilayers: spin configuration, excitations and Giant magnetoresistance," *J. Phys. Condens. Matter*, Vol. 5, pp. 3727-3786, 1993

[83]   O. Acher, P. Le Gourriérec, G. Perrin, P. Baclet and O. Roblin, " Demonstration of Anisotropic Composites with Tuneable Microwave Permeability Manufactured from Ferromagnetic Thin Films," *IEEE Trans. Microwave Theory Tech.*, vol. MTT-44, pp. 674-684, May 1996

[84]   A-L. Adenot, *Thèse de doctorat*, " Conception et étude expérimentale des propriétés hyperfréquences de milieux hétérogènes contenant des inclusions ferromagnétiques", Bordeaux, Juin 2000, n° 2203

[85]   Ph. Gogol, *Thèse de doctorat*, " Mécanismes de Renversement de l'Aimantation des Couches Couplées par Echange Direct avec du NiO et dans les Jonctions Tunnel," Paris 11 Orsay , 2000, n°0599677153

[86]   M. Pardavi-Horvath, G. Zheng, " Inhomogeneous Internal Field Distribution in Planar Microwave Ferrite Devices," *Nonlinear Microwave Signal Processing: Toward a new range of devices*, pp. 45-69, © 1996 Kluwer Academic Publisher

[87]   A. Chevalier, *Thèse de doctorat en Electronique*, « Etude Expérimentale, élaboration et modélisation de matériaux composites à base de poudres magnétiques douces, » N°601, Université de Bretagne Occidentale, Brest, 1998

[88]   K. Berthou-Pichavant, *Thèse de doctorat*, " Contribution à la modélisation des ferrites non-saturés en hyperfréquence", Université de Bretagne Occidentale, 1996

[89]   Ph. Gelin, " New consistent model for ferrite permeability tensor with arbitrary magnetization state,"

IEEE Trans. Microwave Theory Tech., vol. MTT-45 (8), pp. 1185-1192, August 1997

[90] D. Bariou, *Thèse de Doctorat*, " Contribution à la détermination du tenseur de perméabilité des matériaux magnétiques hétérogène. Influence de la fréquence et de l'aimantation," Université de Bretagne Occidentale, N° 703, 2000

[91] D. Bariou, P. Quéffélec, P. Gelin, M. Le Floc'h, « Extension of the effective medium approximation for determination of the permeability tensor of unsaturated polycrystalline ferrites," *IEEE Transactions on Magnetics*, vol. 37, n°6, pp. 3885-3891, November 2001

[92] G. Perrin, *Thèse de Doctorat*, " Elaboration par PVD et caractérisation de couches minces ferromagnétiques sur film souple pour des applications hyperfréquences," Université Joseph Fourier Grenoble I, 28 Octobre 1996

[93] Contrat CEA/LR/8T1947/CD: "Calculs de champs démagnétisants dans des structures particulières à l'aide d'un code 3D" (décembre1998-décembre 1999).

[94] Opera 3D, Vector Fields

[95] W. Lamb, D.M. Wood, N.W. Ashcroft, " Long-wavelength electromagnetic propagation in heterogeneous media," *Phys. Rev. B*, **21**(6), pp. 2248-2266, 1980

[96] R.C.M. Phedran, L.C. Botten, M.S. Craig, M. Nevière, D. Maystre, " Lossy lamellar gratings in the quasistatic limit," *Optica Acta*, **29**(3), pp. 282-312, 1982

[97] N. Bloembergen, « On the Ferromagnetic Resonance in Nickel and Supermalloy, » *Physical Review*, Vol. 78 (5), pp. 572-580, June 1, 1950

[98] P. Quéffélec, S. Mallégol, M. Le Floc'h, « Automatic Measurement of Complex Tensorial Permeability of Magnetized Materials in a Wide Microwave Frequency Range, » *IEEE Trans. Microwave Theory Tech.*, Vol. 50 (9), pp. 2128-2134, September 15, 2002

[99] P. Quéffélec, S. Mallégol, "Dispositifs de mesure large-bandes des éléments du tenseur de perméabilité des matériaux ferrimagnétiques dans un état quelconque d'aimantation," Brevet Français N° 01 04204

[100] V.V. Varadan, K.A. Jose, V.K. Varadan, "*In situ* Microwave Characterization on Nonplanar Dielectric Objects," *IEEE Trans. Microwave Theory Tech.*, vol. 48, no. 3, pp. 388-394, 2000.

[101] R.A. Waldron, "Perturbation Theory of Resonant Cavities," *The institution of Electrical Engineers*, pp. 272-274, Apr. 1960

[102] W. Von Aulock, J.H. Rowen, "Measurement of dielectric and Magnetic Properties of Ferromagnetic Materials at Microwave Frequencies," *The Bell System Technical Journal*, pp. 427-448, March 1957

[103] J.C. Peuzin, J.G. Gay, Acte des journées d'études sur la caractérisation micro-onde des matériaux absorbants, Limoges, 75 (1991)

[104] D. Pain , M. Ledieu, O. Acher, A. L. Adenot, and F. Duverger, « An improved permeameter for thin film measurements up to 6 GHz," *J. Appl. Phys.*, Vol. 85 (8),pp. 5151-5153, 1999

[105] A. Chevalier *et al*, « Mesure de perméabilité complexe hyperfréquence de couches minces magnétiques, » Colloque Louis Néel, Dieppe, Juin 1999

[106] A.-L. Adenot, O. Acher, D. Pain, F. Duverger, M.-J. Malliavin, D. Damiani, and T. Taffary, "Broadband permeability measurement of ferromagnetic thin films or microwires by a coaxial line perturbation method," *Journal of Appl. Phys.*, Vol. 87 (9), pp. 5965-5967, May 2000

[107] E.J. Vanzura, J.R. Baker-Jarvis, "Intercomparison of Permittivity Measurements Using the Transmission/Reflection Method in 7-mm Coaxial Transmission Lines," *IEEE Trans. Microwave Theory Tech.*, vol. MTT-42, pp. 2063-2068, Nov. 1994

[108] J. Backer-Jarvis, E.J. Vanzura, W.A. Kissick, "Improved Technique for Determining Complex Permittivity with the Transmission / Reflection Method," *IEEE Trans. Microwave Theory Tech.*, vol. MTT-38, pp. 1096-1103, Aug. 1990

[109] W.W. Weir, "Automatic Measurement of Complex Dielectric Constant and Permeability at Microwave Frequencies," *Proceedings of the IEEE*, N°1, Jan. 1974

[110] P.M. Jacquart, O. Acher, "Permeability Measurement on Composites Made of Oriented Metallic Wires from 0.7 to 18 GHz," *IEEE Trans. Microwave Theory Tech.*, Vol. 44 (11), Nov. 1996

[111] P. Queffelec, P. Gelin, J. Gieraltowski, J Loaec, "A Microstrip Device for the Broad Band Simultaneous Measurement of complex Permeability and Permittivity," *IEEE Trans. on Magnetics*, vol. 30, pp.224-231, Mars 1994

[112] P. Quéffélec, P. Gelin, "Influence of Higher Order Modes on the Measurements of Complex Permittivity and Permeability of Materials Using a Microstrip Discontinuity," *IEEE Trans. Microwave Theory Tech.*, vol. 44 (6), pp. 816 -824, June 1996

[113] C.M. Weil, C.A. Jones, Y. Kantor, J.H. Grosvenor, "On RF Material Characterization in the Stripline Cavity," *IEEE Trans. Microwave Theory Tech.*, vol. MTT-48, pp. 266-275, Feb. 2000.

[114] W. Barry, "A Broad-Band, Automated, Stripline Technique for the Simultaneous Measurement of Complex Permittivity and Permeability," *IEEE Trans. Microwave Theory Tech.*, vol. MTT-34, pp. 80-84, Jan. 1986

[115] Christophe Delabie, « Elaboration d'un simulateur de dispositifs planaires micro-ondes. Application à la caractérisation de matériaux supraconducteurs," *These de Doctorat, Spécialité Electronique*, N° 1373, Lille, 23 Septembre 1994

[116] R. Crampagne, M. Ahmadpanah, J-L. Guiraud, "A Simple Method for determining the Green's Function for a Large Class of MIC Lines having Multilayered Dielectric Structures," *IEEE Trans. Microwave Theory Tech.*,vol.MTT-26, pp. 82-87, Feb. 1978

[117] T. Kaneki, "Analysis of linear microstrip using an arbitrary ferromagnetic substance as the substrate," *El. Letters*, vol.5,1969

[118] E. Yamashita, R. Mittra, "Variationnal Method for the Analysis of Microstrip Lines," *IEEE Trans. Microwave Theory Tech.*, vol. MTT-16 (4), pp. 251-255, Apr. 1968

[119] E. Yamashita, "Variationnal Method for the Analysis of Microstrip-Like Transmission Lines," *IEEE Trans. Microwave Theory Tech.*, vol. MTT-16 (8), pp. 529-535, Aug. 1968

[120] T. Kitazawa, "Variationnal Method for Planar Transmission Lines with Anisotropic Magnetic Media," *IEEE Trans. Microwave Theory Tech.*, vol. MTT-37 (11), pp. 1749-1754, Nov. 1989

[121] M. Horno *et al.* "Quasi-TEM Analysis of Multilayered, Multiconductor Coplanar Structures with Dielectric and Magnetic Anisotropy Including Substrate Losses," *IEEE Trans. Microwave Theory Tech.*, vol. MTT-38 (8), pp. 1059-1068, Aug. 1990

[122] OPERA2D, VECTOR FIELDS

[123] M.E. Hines, "Reciprocal and nonreciprocal modes of propagation in ferrite stripline and microstrip devices", *IEEE Trans. Microwave Theory Tech.*, Vol. 19(5), pp. 442-450, May 1971

[124] M. Tsutsumi and T. Fukusako, « Magnetically Tunable superconducting Microstrip Resonators Using Yttrium Iron Garnet Single Crystals», *IEEE MTT-S Digest* 1997, pp.1491-1494.

[125] M. Tsutsumi, K. Okubo, "On the YIG film waveguides", *IEEE Trans. Mag.*, vol.28, n°5, pp. 3297-3299, Sept. 1992

[126] F. Miranda, F. Van Keuls, G. Subramanyam, C. Mueller, R. Romanofsky, and G. Rosado, "Correlation Between Material Properties of Ferroelectric Thin Films and Design Parameters for Microwave Device Applications: Modeling Examples and Experimental Verification," *Integrated Ferroelectrics*, Vol. 24, pp. 195-214, 1999

[127] H.lattard, C. Person, J-P. Coupez, S. Toutain, *brevet français* N°13427, 1997

[128] J.C. Batchelor, L. Economou, R.J. Langley, " Scanned microstrip array using simple integrated ferrite phase shifters," *IEE Proc.-Microw. Antennas Propag.*, Vol. 147, No. 3 (2000).

[129] F. De Flaviis, N.G. Alexopoulos, O..M. Stafsudd, " Planar Microwave Integrated Phase-Shifter Design with High Purity Ferroelectric Material," *IEEE Trans. Microwave Theory Tech.*, vol. MTT-45 (1997), 963-969.

[130] R.R. Romanofsky, F.W. Van Keuls,J.D. Warner, C.H. Mueller, S.A. Alterovitz, F.A. Miranda, A.H. Qureshi, " Analysis and Optimization of thin film ferroelectric phase shifters," *MRS Symp. Proceedings*, Boston, pp.3-15, Dec. 1999

[131] S.Bolioli, H. Benzina, H. Bd, B. Chan, " Centimeter-Wave Microstrip Phase Shifter on a Ferrite-Dielectric Substrate," *IEEE Trans. Microwave Theory Tech.*, vol. MTT-37, pp. 698-705, April 1989

[132] G. Subramanyam, F.W. Van Keuls, F.A. Miranda, " A K-Band-Frequency Agile Microstrip Bandpass Filter Using a Thin-Film HTS/Ferroelectric/Dielectric Multilayer Configuration," *IEEE Trans. Microwave Theory Tech.*, vol. MTT-48 (4), pp. 525-530, April 2000

[133] M. Makimoto, S. Yamashita, " Bandpass Filters Using Parallel Coupled Stripline Stepped Impedance Resonators," *IEEE Trans. Microwave Theory Tech.*, vol. MTT-28, pp. 1413-1417, Dec. 1980.

[134] M. Makimoto, S. Yamashita, " Compact Bandpass Filters Using Stepped Impedance Resonators," *Proceedings of the IEEE*, vol. 67, pp. 16-19, Jan. 1979.

[135] S. Denis, *Thèse de Doctorat, Discipline Electronique*, " Caractérisation théorique et

expérimentale de structures de propagation multicouches, application aux filtres plaqués micro-ondes à hautes performance," Université de Bretagne Occidentale, n°525, 28 Novembre 1997

[136] J. Mantese *et al.*, "Applicability of effective medium theory to ferro-electric/ferromagnetic composites with composition and frequency de-pendent complex permittivities and permeabilities," *J. Appl. Phys.*, vol.79, pp. 1655–1660, Feb. 1996.

VALORISATION DU TRAVAIL DE THESE

Valorisation du Travail de Recherche

Publications Internationales dans Journaux à Comité de Lecture
---

E. SALAHUN, P. QUEFFELEC, M. LE FLOC'H, P. GELIN, « A broadband permeameter for « *in situ* » measurements of rectangular samples », *IEEE Transactions on Magnetics*, Vol.37, n°4, pp.2743-2745, July 2001

E. SALAHUN, G. TANNE, P. QUEFFELEC, M. LE FLOC'H, A-L. ADENOT, O. ACHER, « Application of ferromagnetic composite in different planar tunable microwave devices », *Microwave and Optical Technology Letters*, Vol. 30, n°4, pp. 272-276, August 20, 2001

E. SALAHUN, P. QUEFFELEC, G. TANNE, A-L. ADENOT, O. ACHER, « Correlation between magnetic properties of layered ferromagnetic/dielectric material and tunable microwave device applications, » *Journal of Applied Physics*, Vol. 91 (8), pp. 5449-5455, April 15, 2002

Conférences Internationales avec Publication des Actes

E. SALAHUN, G. TANNE, P. QUEFFELEC, P. GELIN, A-L. ADENOT, O. ACHER, « Ferromagnetic Composite-Based and Magnetically-Tunable Microwave Devices, » *2002 IEEE MTT Int. Microwave Sym.* Seattle, June 2-6, poster

---
Conférences Internationales

E. SALAHUN, P. QUEFFELEC, M. LE FLOC'H, P. GELIN, G. TANNE, « A broadband permeameter for « *in-situ* » measurements of plate samples », *The 8th Joint MMM-Intermag Conference*, San Antonio, Texas, January 7-11, 2001, poster

---
Communications Nationales avec Publication des Actes

E. SALAHUN, P. QUEFFELEC, G. TANNE, A-L. ADENOT, O. ACHER, « Etude de la faisabilité de fonctions hyperfréquences à commande magnétique utilisant un composite ferromagnétique », *6ème Journées de Caractérisation Micro-Ondes et Matériaux*, **A1**, pp.21-24, Paris la Défense, 22-24 Mars 2000

E. SALAHUN, P. QUEFFELEC, G. TANNE, M. LE FLOC'H, P. GELIN, « Caractérisation large-bande de matériaux de forme rectangulaire pour leurs utilisations en hyperfréquence », *12èmes Journées Nationales Micro-ondes*, **5C4**, Futuroscope, 16-18 Mai 2001

E. SALAHUN, G. TANNE, P. QUEFFELEC, A-L. ADENOT, O. ACHER, « Utilisation des composites ferromagnétiques pour la réalisation de déphaseurs hyperfréquences », *12èmes Journées Nationales Micro-ondes*, **6B1-3**, Futuroscope, 16-18 Mai 2001

E. SALAHUN, P. QUEFFELEC, G. TANNE, M. LE FLOC'H, A-L. ADENOT, O. ACHER, « Influence des grandeurs physiques d'un composite ferromagnétique sur les performances d'une fonction coupe-bande pour l'agilité en fréquence », *7ème Journées de Caractérisation Micro-Ondes et Matériaux*, Toulouse, 20-23 Mars 2002

E. SALAHUN, G. TANNE, P. QUEFFELEC, P. GELIN, A-L. ADENOT, O. ACHER, « Réalisation de fonctions micro-ondes agiles en fréquence à commande magnétique utilisant un composite ferromagnétique », *7ème Journées de Caractérisation Micro-Ondes et Matériaux*, Toulouse, 20-23 Mars 2002

Journées Thématiques-Workshop

P. QUEFFELEC, E. SALAHUN, G. TANNE, P. GELIN, V. LE HOUE, S. MALLEGOL, "Matériaux Accordables pour Dispositifs Micro-ondes Agiles en Fréquences," Journée Scientifique DGA/SREA, 7 Novembre 2001

E. SALAHUN, " Étude et Réalisation de fonctions hyperfréquences agiles en fréquence à commande magnétique utilisant un composite ferromagnétique," Groupe Régional de Recherche en Micro-ondes, Bretagne et Pays de Loire, Rennes, Septembre 2001

E. SALAHUN, G. TANNÉ, P. QUÉFFÉLEC, P. GELIN, M. LE FLOC'H, A-L. ADENOT, O. ACHER, "Ferromagnetic Composites Based Microwave Components For Tunable Filtering Devices", Workshop ESA-CNES; Toulouse, France, 24-26 June 2002

Contrats

E. SALAHUN, P. QUEFFELEC, G. TANNE, " Réalisation d'une fonction hyperfréquence accordable utilisant le matériau LIFT," Contrat CEA/LR/OT1561/JD, Juillet 2001

P. QUEFFELEC, E. SALAHUN, D. ROZUEL," Mesures large bande des propriétés hyperfréquences de diélectriques dans les bandes de la radio mobile", Février 2002

Brevet

G. TANNE, E. SALAHUN, P. QUEFFELEC, O. ACHER, A-L. ADENOT, « Circuit Résonant Hyperfréquence et Filtre Hyperfréquence Accordable Utilisant le Circuit Résonant » B13811.3/PR, France, 2001

ANNEXES

ANNEXE I:
LE COMPOSITE FERROMAGNETIQUE LAMELLAIRE DE TYPE LIFT

ANNEXE I : LE COMPOSITE FERROMAGNETIQUE DE TYPE LIFT

Caractéristiques des composites ferromagnétiques lamellaires élaborés au CEA Le Ripault

Aimantation à saturation des couches ferromagnétiques (G)	11300
Taux de charge en matière ferromagnétique du composite (%)	2.51
Epaisseur de la couche diélectrique e_s (μm)	12.7
Epaisseur du film ferromagnétique e_d (μm)	0.43
Résistivité des couches ferromagnétiques ($\mu\Omega$.cm)	108
Champ d'anisotropie d'une couche ferromagnétique H_{an} mesuré (Oe)	33
Permittivité diélectrique de l'intercalaire diélectrique	2.2-0.01j

Ces paramètres mesurés sont donnés avec une tolérance de 20% dûe aux incertitudes de mesure, aux erreurs systématiques non corrigées des appareils de mesures...

ANNEXE II:
DIMENSIONS GEOMETRIQUES DE LA LIGNE TRIPLAQUE ASYMETRIQUE

ANNEXE II : DIMENSIONS DE LA CELLULE DE MESURE

Les dimensions de la structure de propagation utilisée pour la caractérisation hyperfréquence sont récapitulées dans cette annexe.

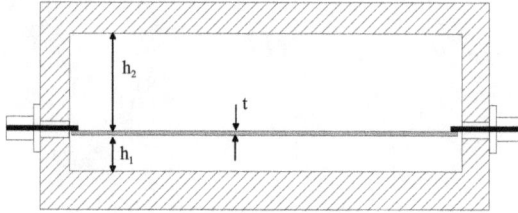

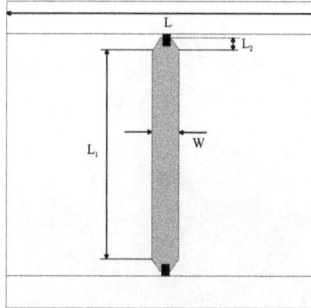

Dimensions utilisées

h_1	1.85 mm
h_2	10 mm
t	0.4 mm
L	30 mm
L_1	10 mm
L_2	1.3 mm
W	9 mm

ANNEXE III:
METHODE QUASI-STATIQUE

ANNEXE III : METHODE QUASISTATIQUE.

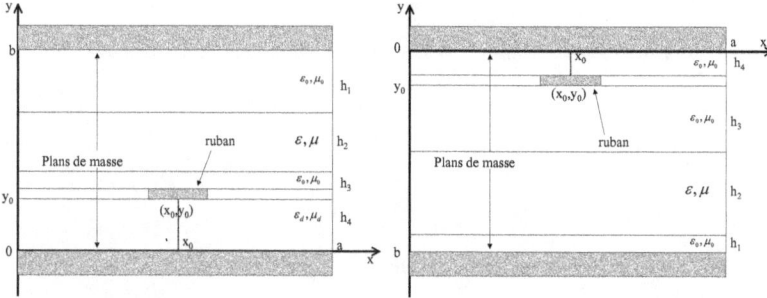

Les structures que nous nous proposons d'étudier sont présentées aux figures ci-dessus. Il s'agit de systèmes composés de plusieurs couches de différentes hauteurs. Ces deux configurations se traitent de la même manière car elles ont la même géométrie. Considérons une charge unité située en (x_0, y_0).

Détermination des valeurs apparentes de perméabilité et de permittivité

La mesure en ligne de transmission de matériaux isotropes est ramenée à une mesure des paramètres effectifs (perméabilité et permittivité) grâce à la procédure de Ross/Nicholson. Dans le cas où le matériau remplit de manière homogène la structure transverse de la cellule de mesure, cette procédure suffit pour déterminer les paramètres intrinsèques du matériau sous test. Cependant, lorsque le matériau ne remplit pas entièrement la structure transverse, une homogénéisation de la structure est nécessaire pour pouvoir utiliser la procédure de mesure de RNW. Dans l'approche quasi-TEM, les structures de propagation représentées aux figures 1a et 1b sont équivalentes à des lignes entièrement remplies par un matériau homogène de permittivité et perméabilité effectives ε_{eff} et μ_{eff}. Ces grandeurs sont les valeurs mesurées par la méthode de RNW.

Avec les hypothèses quasi-TEM, l'impédance caractéristique de la ligne de transmission est donnée par :

$$Z = \sqrt{L/C}$$

Eq. 1 : Impédance caractéristique de la ligne de transmission

où L est l'inductance linéique et C la capacitance linéique.

Si L_0 et C_0 sont respectivement l'inductance linéique et la capacitance linéique de la structure de propagation non chargée d'un matériau test, l'expression précédente peut s'écrire :

$$Z = Z_0 \sqrt{\mu_{eff}/\varepsilon_{eff}}$$

Eq. 2 : Impédance caractéristique de la ligne microruban en fonction des paramètres du milieu

$$\text{avec}\begin{cases}\mu_{eff} = \dfrac{L}{L_0}\\[2mm]\epsilon_{eff} = \dfrac{C}{C_0}\end{cases}$$

Eq. 3 : Expression des caractéristiques effectives de la structure transverse en fonction des inductances et capacitances linéiques

$$\text{et } Z_0 = \sqrt{\dfrac{L_0}{C_0}}$$

Eq. 4 : impédance de la ligne à vide

où Z_0 est l'impédance caractéristique de la ligne à la ligne à vide.

Le calcul des inductances et des capacitances est réalisé par utilisation de la méthode variationnelle.

Concept de la fonction de Green

En électrostatique, le potentiel scalaire $\phi(x,y)$ est solution de l'équation de Poisson et le potentiel courant $A(x,y)$ est solution d'une équation différentielle.

$$\begin{cases}\nabla^2\phi(x,y) = -\dfrac{\rho(x,y)}{\epsilon}\\[2mm]\nabla^2 A(x,y) = -\mu j(x,y)\end{cases}$$

où :

$\rho(x,y)$ représente la distribution de charges

ϵ est la constante diélectrique au point considéré

$j(x,y)$ est la densité de courant

μ est la perméabilité au point considéré.

L'équation de propagation en mode quasi-TEM dans un plan de section droite s'écrit :

$$\begin{cases}\nabla^2\phi(x,y) = -\dfrac{1}{\epsilon}\delta(x-x_0)\delta(y-y_0)\\[2mm]\nabla^2 A(x,y) = -\mu\delta(x-x_0)\delta(y-y_0)\end{cases}$$

où $\delta(x-x_0)$ et $\delta(y-y_0)$ sont les distributions de Dirac.

La fonction de Green est par définition le potentiel crée en (x,y) par une charge unité de volume infiniment petit se trouvant en (x_0,y_0). Par conséquent, elle vérifie pour la structure transverse:

$$\begin{cases} \nabla^2 G_e(x,y/x_0,y_0) = -\dfrac{1}{\varepsilon}\delta(x-x_0)\delta(y-y_0) \\ \nabla^2 G_m(x,y/x_0,y_0) = -\mu\delta(x-x_0)\delta(y-y_0) \end{cases}$$

En utilisant la méthode de séparation de variables, les fonctions de Green électrique (G_e) et magnétique (G_m) peuvent se mettre sous la forme de séries :

$$\begin{cases} G_e(x,y/x_0,y_0) = \displaystyle\sum_{n=1}^{+\infty} G_{en}^x(x)G_{en}^y(y) \\ G_m(x,y/x_0,y_0) = \displaystyle\sum_{n=1}^{+\infty} G_{mn}^x(x)G_{mn}^y(y) \end{cases}$$

Les modes de propagation vérifient l'équation de Laplace homogène :

$$\begin{cases} \Delta\left[G_{en}^x(x)G_{en}^y(y)\right] = 0 \\ \Delta\left[G_{mn}^x(x)G_{mn}^y(y)\right] = 0 \end{cases}$$

En divisant l'expression précédente par $G_{in}^x(x)G_{in}^y(y)$ où i= e,m , on obtient :

$$\frac{1}{G_{in}^x(x)}\frac{\partial^2 G_{in}^x(x)}{\partial x^2} + \frac{1}{G_{in}^y(y)}\frac{\partial^2 G_{in}^y(y)}{\partial y^2} = 0$$

Pour résoudre ces équations homogènes à variables séparées, nous allons prendre une solution particulière en posant :

$$\frac{1}{G_{in}^x(x)}\frac{\partial^2 G_{in}^x(x)}{\partial x^2} = -k_{in}^2$$

cela entraîne :

$$\frac{1}{G_{in}^y(y)}\frac{\partial^2 G_{in}^y(y)}{\partial y^2} = k_{in}^2$$

On obtient alors :

$$\frac{\partial^2 G_{in}^x(x)}{\partial x^2} + k_{in}^2 G_{in}^x(x) = 0$$

Cette équation a alors pour solution générale :

$$G_{in}^x(x) = A_i\cos(k_{in}x) + B_i\sin(k_{in}x)$$

Pour trouver les constantes d'amplitudes, on exprime les conditions aux limites en x=0 et x=a, ce qui donne :

$$\begin{cases} G_{in}^x(x) = \sin(k_n x) \\ k_n = \dfrac{n\pi}{a} \quad n = 1,2,..\infty \end{cases}$$

En reportant cette solution dans l'équation différentielle de la fonction de Green, on obtient :

$$\sum_{n=1}^{+\infty}\left\{\frac{\partial^2 G_{en}^y(y)}{\partial y^2} - k_n^2 G_{en}^y(y)\right\} G_{en}^x(x) = -\frac{1}{\varepsilon}\delta(x-x_0)\delta(y-y_0)$$

$$\sum_{n=1}^{+\infty}\left\{\frac{\partial^2 G_{mn}^y(y)}{\partial y^2} - k_n^2 G_{mn}^y(y)\right\} G_{mn}^x(x) = -\mu\delta(x-x_0)\delta(y-y_0)$$

En multipliant l'équation précédente par $G_{ip}^x(x)$ et en intégrant sur l'intervalle [0,a], nous obtenons :

$$\frac{\partial^2 G_{en}^y(y)}{\partial y^2} - k_n^2 G_{en}^y(y) = -\frac{2}{a\varepsilon}\delta(y-y_0)G_{en}^x(x_0)$$

$$\frac{\partial^2 G_{mn}^y(y)}{\partial y^2} - k_n^2 G_{mn}^y(y) = -\frac{2\mu}{a}\delta(y-y_0)G_{mn}^x(x_0)$$

avec les conditions de continuité :

$$\begin{cases} G_{in}^y(y_{p-0}) = G_{in}^y(y_{p+0}) \\ \varepsilon_p \frac{\partial^2 G_{en}^y(y_{p-0})}{\partial y^2} = \varepsilon_{p+1}\frac{\partial^2 G_{en}^y(y_{p+0})}{\partial y^2} \\ \frac{1}{\mu_p}\frac{\partial^2 G_{mn}^y(y_{p-0})}{\partial y^2} = \frac{1}{\mu_{p+1}}\frac{\partial^2 G_{mn}^y(y_{p+0})}{\partial y^2} \end{cases}$$

qui traduisent la continuité des potentiels électriques et magnétiques, la conservation de la charge électrique et la conservation du courant.

Les équations différentielles des fonctions de Green et les conditions limites correspondantes peuvent être identifiées aux équations que satisfont la tension et le courant le long d'une ligne de transmission.

La structure transverse.

Lorsqu'une ligne de transmission est excitée par une source de courant d'intensité I_s placée en $y=y_0$, le courant et la tension sont liés par les équations :

$$\begin{cases} \frac{dV}{dy} = -\gamma Z_C I \\ \frac{dI}{dy} = -\frac{\gamma V}{Z_C} + I_s\delta(y-y_0) \end{cases}$$

où Z_C est l'impédance caractéristique de la ligne et γ sa constante de propagation.

L'équation différentielle en fonction de la tension est la suivante :

$$\frac{d^2 V}{dy^2} - \gamma^2 V = -\gamma Z_C I_s \delta(y - y_0)$$

et les conditions limites sont données par :

$$\begin{cases} V_p = V_{p+1} \\ \dfrac{Y_{Cp}}{\gamma_p} \dfrac{dV_p}{dy} = \dfrac{Y_{C(p+1)}}{\gamma_{p+1}} \dfrac{dV_{p+1}}{dy} \end{cases}$$

Par analogie avec les fonctions de Green, on identifie :

$$\begin{cases} V = G_{in}^y(y) \\ I_s = \dfrac{2}{ak_n} G_{in}^x(x_0) \\ \gamma = k_n \end{cases} \quad \text{et} \quad \begin{cases} Y_{Cp}^e = \varepsilon_p \\ Y_{Cp}^m = \dfrac{1}{\mu_p} \end{cases}$$

Comme le montre l'analogie précédente, la connaissance du potentiel V est nécessaire pour déterminer la fonction de Green. Puisque $V = I_s / Y$, il suffit de déterminer l'admittance ramenée Y au plan de charge (x_0, y_0).

L'admittance ramenée par un tronçon de ligne d'admittance propre Y_{Cp}, de longueur h_p et chargé par Y_t est donnée par :

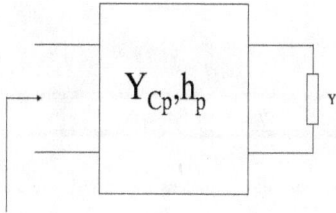

$$Y = Y_C \frac{Y_t + Y_{Cp} th(\gamma h_p)}{Y_{Cp} + Y_t th(\gamma h_p)}$$

Les structures peuvent être schématisées de la manière suivante en identifiant Y_{Cp}^e à ε_p et Y_{Cp}^m à $1/\mu_p$:

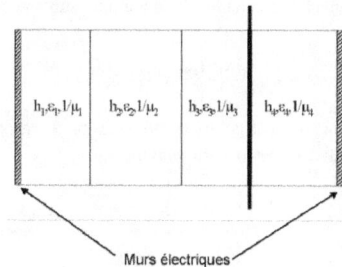

Murs électriques

L'admittance ramenée Y_1 par le premier élément d'admittance $\varepsilon_1, 1/\mu_1$ est :

$$\begin{cases} Y_1^e = \varepsilon_1 \coth(\gamma h_1) \\ Y_1^m = \dfrac{1}{\mu_1} \coth(\gamma h_1) \end{cases}$$

Il en est de même pour le quatrième élément :

$$\begin{cases} Y_4^e = \varepsilon_1 \coth(\gamma h_4) \\ Y_4^m = \dfrac{1}{\mu_4} \coth(\gamma h_4) \end{cases}$$

Pour les autres éléments, on calcule avec l'admittance ramenée présentée avant. Enfin, l'admittance dans le plan (x_0, y_0) est obtenue en écrivant que :

$$Y = Y_3 + Y_4$$

La fonction de Green cherchée est donc :

$$\begin{cases} G_{e,m}(x, y / x_0, y_0) = \sum_{n=1}^{+\infty} G_{(e,m)n}^y(y) G_{(e,m)n}^x(x) \\ G_{(e,m)n}^x(x) = \sin\left(\dfrac{n\pi x}{a}\right) \\ G_{(e,m)n}^y(y) = \dfrac{2}{n\pi Y^{(m,e)}(y)} \sin\left(\dfrac{n\pi x_0}{a}\right) \end{cases}$$

Calcul de la capacité linéique et de l'inductance linéique.

Les expressions des inductances et capacités peuvent être calculées à partir des relations de dualité. Considérons principalement le cas de l'inductance L.

L'énergie magnétique, par unité de longueur, stockée par le champ autour du ruban conducteur est donnée par :

$$U_m = \frac{1}{2} L.I^2$$

Par ailleurs, cette énergie peut être calculée de la manière suivante :

$$U_m = \frac{1}{2} \iint_S \vec{H}.\vec{B} dS = \frac{1}{2} \int_{S'} \vec{A}.\vec{j} dy = \frac{1}{2} \int_{S'} \int_{S'} G_m(x, y / x_0, y_0) j(x_0) j(x) dx_0 dx$$

où S est la section transverse de la structure de propagation microruban et S' la section du ruban conducteur. En identifiant les deux expressions, on obtient :

$$L = \frac{\displaystyle\int_{S'} \int_{S'} G_m(x, y / x_0, y_0) j(x_0) j(x) dx_0 dx}{\left(\displaystyle\int_{S'} j(x) dx\right)^2} \; .$$

De même, on détermine la capacité par unité de longueur :

$$C = \frac{\left(\int_{S'} \rho(x) dx \right)^2}{\int_{S'} \int_{S'} G_e(x, y / x_0, y_0) \rho(x_0) \rho(x) dx_0 dx} \ .$$

Si le volume de matière disposé sous le ruban est faible ou s'il est symétriquement disposé sous le ruban de façon à ce que la symétrie électromagnétique du dispositif soit conservée, la densité de courant ou de charge sur le conducteur central de la ligne étant plus importante sur les cotés qu'en son centre, les fonctions peuvent s'écrire sous la forme suivante :

$$\begin{cases} \rho(x) = \dfrac{1}{w} \left[1 + K \left| \dfrac{2}{w} \left(x - \dfrac{a}{2} \right) \right|^3 \right] & \text{pour} \quad \dfrac{a-w}{2} \le x \le \dfrac{a+w}{2} \\ \rho(x) = 0 & \text{ailleurs} \end{cases}$$

et

$$\begin{cases} j(x) = \dfrac{1}{w} \left[1 + T \left| \dfrac{2}{w} \left(x - \dfrac{a}{2} \right) \right|^3 \right] & \text{pour} \quad \dfrac{a-w}{2} \le x \le \dfrac{a+w}{2} \\ j(x) = 0 & \text{ailleurs} \end{cases}$$

où les constantes K et T sont déterminées en appliquant la condition de stationnarité : $\begin{cases} \dfrac{\partial C}{\partial K} = 0 \\ \dfrac{\partial L}{\partial T} = 0 \end{cases}$

En remplaçant les densités de charge et de courant dans l'expression de la capacitance linéique ou de l'inductance linéique on obtient :

$$C = \frac{(1 + 0.25K)^2}{\displaystyle\sum_{\substack{n \\ \text{impair}}} \frac{T_n P_n}{Y_e(y_0)}} \qquad \text{et} \qquad L = \frac{\displaystyle\sum_{\substack{n \\ \text{impair}}} \frac{T_n P_n}{Y_m(y_0)}}{(1 + 0.25T)^2}$$

où

$$T_n = L_n + K(T)M_n$$

$$L_n = \sin\left(\frac{k_n W}{2}\right)$$

$$M_n = \left(\frac{2}{k_n W}\right)^3 \left[3\left\{\left(\frac{k_n W}{2}\right)^2 - 2\right\}\cos\left(\frac{k_n W}{2}\right) + \left(\frac{k_n W}{2}\right)\left[\left\{\left(\frac{k_n W}{2}\right)^2 - 6\right\}L_n + 6\right]\right]$$

$$P_n = \frac{2}{n\pi}\left(\frac{2}{k_n W}\right)^2$$

$$K(T) = -\frac{\displaystyle\sum_{\substack{n \\ \text{impair}}} \frac{(L_n - 4M_n)L_n P_n}{Y_{e(m)}(y_0)}}{\displaystyle\sum_{\substack{n \\ \text{impair}}} \frac{(L_n - 4M_n)M_n P_n}{Y_{e(m)}(y_0)}}$$

K est la constante associée au paramètre diélectrique alors que T est associée au paramètre.

RESUME

Ce travail porte sur la conception et la réalisation de dispositifs hyperfréquences reconfigurables pour les télécommunications. Notre objectif était d'intégrer des matériaux nouveaux de type composites ferromagnetiques lamellaires dans des structures de propagation microruban commandables par un champ magnetique statique. En se basant sur les propriétes statiques du materiau et sur sa caracterisation hyperfréquence, la correlation des ses propriétés avec les caractéristiques des circuits a été réalisée. Finalement, des dispositifs agiles soit en phase, ou soit en fréquence ont été conçus. Ces circuits montrent un forte sensibilité au champ magnétique appliqué pour de faibles intensites.

L'originalité de ce travail repose sur le fait que les films ferromagnétiques ont la propriété d'etre monodomaines : les pertes par relaxation de parois sont alors évitées. La bande de fréquence avant les pertes gyromagnétiques est alors utilisée pour la conception de fonctions ajustables.

Mots-clés : Télécommunications, Composites Ferromagnétiques, Hyperfréquences, Perméabilité, Permittivité, Agilité, Filtrage, Déphasage, Commutateur

The aim of this work is the achievement of tunable microwave devices with ferromagnetic composites. Based on static and measured microwave properties in an asymmetrical stripline of the laminated material, correlation between material characteristics and scattering parameters of a microstrip line are studied. Finally, several proofs-of concept are worked out. These devices demonstrate a large tunability for low dc magnetic fields (h0<250 oe).

The originality of this work lies on the exploitation of the monodomain state of ferromagnetic thin films: wall motion losses are avoided. So, the frequency range for frequencies lower than gyromagnetic frequency is used for the achievement of microwave tunable devices.

www.ingramcontent.com/pod-product-compliance
Lightning Source LLC
Chambersburg PA
CBHW021053210326
41598CB00016B/1196